U0883021

山地特色茶高效栽培与标准化加工技术

张珍明　徐代刚　刘盈盈 等　编著

科学出版社

北京

内 容 简 介

茶具有涵养生态、富民强村和食养健康等多种功能，茶产业更是关乎人民美好生活的重要民生产业，对推动乡村产业振兴、弘扬中华优秀传统文化具有重要意义。本书共5章，包括中国茶产业及茶叶标准化发展概述、茶树栽培品种与高效繁殖技术、山地特色高效茶园建设、山地特色高效茶园管理、山地特色茶标准化加工等内容。本书力求理论联系实际，做到内容丰富、通俗易懂、科学严谨、资料翔实，具有指导性、实用性和可操作性。

本书可为从事作物学、土壤学、生态学和环境科学等领域的科技工作者提供一定的理论借鉴，也可作为研究生和本科生的教材，为相关专业的学生提供较为丰富的拓展学习资料。本书还适合茶叶管理部门、茶叶企业、茶叶专业合作社、茶叶家庭农场、茶叶种植和生产加工人员、职业院校茶叶生产加工专业学生、茶叶销售人员，以及茶叶爱好者等学习参考和使用。

图书在版编目（CIP）数据

山地特色茶高效栽培与标准化加工技术 / 张珍明等编著. -- 北京 : 科学出版社, 2024. 12. -- ISBN 978-7-03-080251-4

Ⅰ. S571.1；TS272.4

中国国家版本馆 CIP 数据核字第 2024LS6657 号

责任编辑：吴卓晶　李　莎 / 责任校对：赵丽杰
责任印制：吕春珉 / 封面设计：东方人华平面设计部

科学出版社出版
北京东黄城根北街 16 号
邮政编码：100717
http://www.sciencep.com

北京中科印刷有限公司印刷
科学出版社发行　各地新华书店经销

*

2024 年 12 月第 一 版　开本：787×1092　B5
2024 年 12 月第一次印刷　印张：14
字数：280 000

定价：182.00 元

（如有印装质量问题，我社负责调换）

销售部电话 010-62136230　编辑部电话 010-62143239（BN12）

《山地特色茶高效栽培与标准化加工技术》

编著人员

（按贡献大小排名）

张珍明（贵州大学教授）
徐代刚（贵州省铜仁市农业农村局正高级农艺师）
刘盈盈（贵州省生物研究所研究员）
曾宪平（贵州省遵义市农村发展服务中心农艺师）
何旭秋（贵州省铜仁市农业农村局助理农艺师）
林丽梅（贵州省石阡县农业农村局助理农艺师）
孟爱丽（贵州省铜仁市农业农村局农艺师）
罗玉红（贵州省贵定县茶叶产业化发展中心农艺师）
张　琼（贵州省贵定县茶叶产业化发展中心高级农艺师）
胡家琴（贵州省贵定县茶叶产业化发展中心高级农艺师）
张羽丽（贵州省贵定县质量技术监督检测检验中心高级工程师）
牟桂婷（贵州省生物研究所助理研究员）
杨家干（贵州省遵义市种植业发展服务中心农艺师）
罗文敏（贵州省生物研究所副研究员）
吴先亮（贵州省生物研究所助理研究员）
刘玉倩（遵义职业技术学院副教授）
唐金梅（贵州省遵义市农村发展服务中心助理农艺师）
胡　腾（贵州省湄潭县茶产业发展中心农艺师）
蒙祖辉（贵州省都匀市茶产业发展服务中心助理农艺师）
方国臻（贵州省贵定县云雾镇农业农村综合服务中心助理农艺师）
李金娟（贵州大学教授）
代良羽（贵州省农业生态与资源保护站农艺师）
谢政艺（贵州省贵定县宝山街道办事处农业农村综合服务中心农艺师）
杨先青（贵州省贵定县种植业发展中心农艺师）
王成美（贵州省贵定县新巴镇农业农村综合服务中心农艺师）
杨秀源（贵州省生物研究所研究实习员）

前　言

茶起源于中国，盛行于世界。中国是茶的故乡，也是茶文化的发祥地。茶具有涵养生态、富民强村和食养健康等多种功能，茶产业更是关乎人民美好生活的重要民生产业，对推动乡村产业振兴、弘扬中华优秀传统文化具有重要意义。

近年来，我国茶产业快速发展，产量和消费总量均居世界首位，但也存在茶园栽培管理较为粗放、茶资源开发利用程度不高、标准化生产加工不够、茶产品同质化现象突出、茶科技创新应用不足、茶文化内涵挖掘不深、茶产业综合效益不高等短板弱项，亟须改进和优化发展方式，推进茶产业提质增效、转型升级和高质量发展。为此，本书编写团队根据当前国内茶产业发展实际，结合茶产业区域发展特色，在多年调研考察、研究开发和生产实践的基础上，总结了地方特色茶的新品种、高效种植和配套加工技术，形成了一套适用于山地特色茶高效种植管理和标准化生产加工的应用技术体系，以期为山地特色茶产业的高质量发展提供参考资料。

本书的出版得到了科技部、贵州省科学技术厅的大力支持。本书参考了大量文献资料，在此对原作者表示衷心的感谢。

由于作者能力水平有限，书中的疏漏和不妥之处在所难免，敬请各位读者批评指正。

作　者

2024 年 10 月

目　录

第一章

中国茶产业及茶叶标准化发展概述

第一节　中国茶叶栽培历史

世界之茶起源于中国，中国是茶的故乡，是茶的起源地，是世界上最早发现茶树和利用茶树的国家。茶原为中国南方之嘉木，具体来说，茶原产于中国的西南地区。茶叶作为一种享誉中外的健康饮品，它是古代中国南方人民对中国饮食文化的贡献，同时也是中国人民对世界饮食文化的贡献。

茶树的栽培与茶的利用密切相关，消费是生产的推动力。考证茶树的栽培历史，就必然涉及人类利用茶树的历史。由于茶树的栽培历史悠久，我们只能凭借一些文化遗迹和史料对古代的史实进行推断，而古籍记载往往总是迟于事实，且许多古代记载经历辗转流传后容易出现遗漏，甚至以讹传讹的现象，因此去伪存真、还历史的本来面目一直是科学研究极力探求的。目前的研究成果表明，茶树栽培发展历史主要经历了5个时期。

一、茶树发现、利用起始时期

有文字记载，秦以前是发现茶树和利用茶的起始时期。在漫长的原始社会中，先民们采取结绳记事，由于没有文字，无法记载当时的史情，只能靠人们一代代的口述流传下来，有些被后人补记并以神话和传说的方式从局部地区渐渐流传开来，从而作为线索让人们去研究和了解当时人类的活动。唐代陆羽的《茶经》指出："茶之为饮，发乎神农氏"。古人将炎帝传说成是神农，汉代的《神农本草经》记载："神农尝百草，日遇七十二毒，得荼而解之"，这里的"荼"即为茶，意即在公元前的神农时代就发现了茶。《神农本草经》成书于西汉，并为东汉人所增补，是当时依托神农尝百草的神话，汇集了关于药物（主要是草药）的知识而编撰成的一本药学著作。古书中关于神农"始尝百草，始有医药""始作耒耜、教民耕种""神农耕而作陶"等传说，其实是后人为追念史前农业、医药和陶冶斤斧耒耜锄耨等伟大发明而塑造出来并广为传颂的一个形象。中原大地留有许多与神农有关的遗迹，如地处湖北、接近川陕交界处的神农架、湖南省炎陵县的炎帝陵和神农殿等，这些都从一个侧面说明神农是史前一个特定阶段的代表。《庄子·杂篇·盗跖》和《白虎通义》等称神农时代是"只知其母，不知其父"的母系氏族社会，神农是这一时期先民的集中代表。因此，推断早在原始社会母系氏族以采集、狩猎活动为主要方式的时期，茶树就已被发现、采集与利用。由此可知，茶的发现距今已有六七千年甚至上万年的历史。

伴随着原始农业的发展，人们逐渐开始对野生茶树进行驯化和栽培。东晋常璩于公元 348～354 年所著的《华阳国志》记载了周武王在公元前 1046 年联合当时居四川、贵州和云南等地的"方国部落"共同伐纣，"武王既克殷，以其宗姬封于巴，爵之以子……桑、蚕、麻、纻、鱼、盐、铜、铁、丹、漆、茶、蜜……皆纳贡之"等记述了早在 3000 多年前，巴蜀一带已将所产茶叶作为贡品的史实。更重要的是该书还提到"园有芳蒻、香茗"，这清楚地表明了在周代以前，巴蜀一带已有人工栽培茶树的历史。同时，《华阳国志·巴志》中记载有："涪陵郡（今重庆市彭水苗族土家族自治县）……惟出茶、丹、漆、蜜、蜡""什邡县（今四川彭州和绵竹市）出好茶"，《华阳国志·蜀志》中记载有“南安（今四川乐山）、武阳（今四川彭山区）皆出名茶”，在《华阳国志·南中志》中记载有“平夷县（今云南富源）……出茶、蜜”，说明当时巴蜀诸郡县等地都有种茶之举，而且四川的乐山、彭山等地在周代已是名茶产地。

《诗经》是我国最古老的一部诗集，出自公元前 1134 年至公元前 597 年，其中就有“谁谓荼苦，其甘如荠”等诗句。《诗经》是最早出现“荼”字样的古籍，许多专家考证这个“荼”是茶，由于先秦古书中没有“茶”字，《诗经》中的荼即指茶，也指苦菜、茅草等，一字多义。指茶则表明当时人们在利用茶的过程中，已对茶的特性有了一定的认识，并在诗歌中反映出来。

二、茶树栽培扩大时期

秦汉到南北朝时期（公元前 221～公元 589 年）是茶树栽培在巴蜀地区发展并向长江中下游扩展的时期。

西汉时期记载茶的史料逐渐增多，茶的利用日益广泛，茶树种植区域也逐渐扩大。《四川通志》载：“名山县治之西十五里有蒙山，其山有五顶，形如莲花五瓣，其中顶最高，名曰上清峰，至顶上略开一坪，直一丈二尺，横二丈余，即种仙茶之处。汉时甘露祖师姓吴名理真者手植，至今不长不灭，共八小株。”汉时甘露系指汉宣帝“甘露”年号（公元前 53～前 50 年），蒙山，即蒙顶山，位于四川省雅安市名山区，说明西汉时人们已在蒙顶山人工种植茶树。

我国最早的一部辞书《尔雅·释木》中有“槚，苦荼”的记载。东晋郭璞《尔雅注》云：“树小似栀子，冬生叶，可煮羹饮。今呼早取为荼，晚取为茗，或一曰荈，蜀人名之苦荼”。东汉许慎的《说文解字》也说“荼，苦荼也”。把茶列入辞典并且加以注释，表明当时茶与人类生活已经有了较为密切的关系，也表明当时人们对茶的利用和特性有了更深入的认识。

“自秦人取蜀而后，始有茗饮之事”。秦统一中国后，茶叶随巴蜀与各地经济、文化交流和人员往来而逐渐传播开来，茶树栽培技术也开始向当时的政治、经济和文化中心陕西、河南传播，使陕西南部和河南南部成为我国北方最古老的茶区之一。其后由于地理上的有利条件，茶树栽培又逐渐向长江中下游扩展，传至南方各省。唐代地方志《茶陵图经》中记载西汉设置的茶陵县（今湖南省茶陵县）“茶陵者，所谓陵谷生茶茗焉”，其县名就是因产茶的茶陵（古时也称荼乡）而来。宋代罗泌所著的《路史》记载了炎帝神农氏“崩葬长沙茶乡之尾，是曰茶陵，所谓天子墓者。”“茶陵”即茶乡之陵墓。在长沙魏家大堆四号汉墓还出土了一枚石质“茶陵”印。东汉《桐君采药录》载：“西阳、武昌、庐江、晋陵好茗，皆东人作清茗。茗有饽，饮之宜人”，其中：西阳即今湖北省黄冈市东南部，晋陵是今江苏省常州市的古名。

汉代时期，佛教传入我国，到南北朝时期更为盛行，佛教徒坐禅诵经，饮茶更能镇定精神、驱除困意。同时，两晋南北朝时期道教兴起，道家修炼重气功打坐，饮茶具有轻身提神等功效。因此，在南方的一些名山寺院，如江西庐山，浙江天台山、径山、雁荡山，四川青城山、峨眉山，安徽九华山、黄山，湖南常德西山等都陆续种植茶树，推动了茶叶生产的发展。据《临海县志》引用《抱朴子·园茗》记载：“盖竹山有仙翁茶园，旧传葛玄植茗于此”。葛玄于赤乌元年和二年（公元 238 年和 239 年）先后创建了浙江天台山上首批道观，道教视茶为养生之“仙药”，相继在天台山主峰华顶峰和临海盖竹山开辟了茶园，被称为“葛仙茶圃”，至今华顶峰归云洞前尚存茶圃遗迹。与此同时，还开始出现专门辟作贡茶的“御茶园”。两晋及南北朝以后，茶叶的产地已经扩展到四川、湖北、湖南、河南、浙江、江苏、安徽等地。随着生产实践活动的深入，人们对茶树的生长习性和栽培方法有了一定的认识，茶树栽培范围不断扩大。

三、茶树栽培兴盛时期

隋唐至清代（公元 581～1911 年）是我国历史上茶叶生产的兴盛时期。隋炀帝主持修筑了沟通南北的京杭大运河，对促进南北之间的经济交流、文化融合，以及茶产业的发展起到了积极作用。唐代封演的《封氏闻见记》记载："古人亦饮茶耳，但不如今人溺之甚；穷日尽夜，殆成风俗，始自中地，流于塞外"，这反映了唐中期茶已从南方传到中原，由中原传到边疆，渐渐成为举国之饮。经济的发展、茶叶消费的兴盛极大地促进了茶叶生产的发展，茶树栽培的规模和范围不断扩大。据《太平广记》记载，在四川九陇（今彭州市）有数百个采茶工的茶园。唐贞元年间（公元 785～804 年），浙江盛产紫笋茶的顾渚山建有首座官办的"贡茶院"，有制茶工匠千余人，采茶役工两三万人。在不少地方还出现了官办的"山场"，如唐代寿州（今安徽寿县）1 个官营茶园，派兵三千来保卫。大茶园的纷纷出现，标志着茶产业已形成专业化经营模式。公元 780 年，世界第 1 部茶叶专著——陆羽的《茶经》问世，该书共分三卷十节，是中唐以前有关茶叶知识和实践经验的总结。其《茶经·一之源》阐述了茶叶的性状、茶叶品质与土壤的关系，明确指出："茶者，南方之嘉木也""其树如瓜芦，叶如栀子，花如白蔷薇，实如栟榈，蒂如丁香，根如胡桃""其地，上者生烂石，中者生砾壤，下者生黄土""法如种瓜，三岁可采"。《茶经》还记述了唐代茶叶的产地，当时茶叶栽培区域已遍及现在的四川、陕西、河南、安徽、湖南、湖北、江西、浙江、江苏、贵州、广东、广西、福建等地（当时的云南因分裂为南诏国等，故未被《茶经》著录），并把采茶的 43 个州、郡划分为八大茶区。唐代的茶叶产地与我国近代茶区相当。唐末韩鄂撰写的《四时纂要》中指出"此物畏日，桑下竹阴地种之皆可"，这些论述与陆羽《茶经》所述相补充，表明唐代时对茶树生长特性、适宜的生态条件、适宜栽培的土壤等已积累了宝贵的知识。

宋代饮茶风俗已相当普及，“茶会”“茶宴”“斗茶”之风盛行。宋徽宗赵佶还亲自撰写《大观茶论》，其中有“植产之地，崖必阳，圃必阴”“今圃家皆植木，以资茶之阴”。乐史撰写的《太平寰宇记》对南方产茶地有较为详细和丰富的记载，反映了宋代茶叶生产技术中心已向南移，茶叶种植区域也不断扩展，南宋时全国产茶地已有 66 个州 242 个县，而且茶树栽培技术也有了较大的提高。苏轼《新城道中二首》“细雨足时茶户喜”的诗句、宋子安《东溪试茶录》“茶宜高山之阴，而喜日阳之早”，以及赵汝砺《北苑别录》“故欲导生长之气，以渗雨露之泽”“每岁六月兴工，虚其本，培其土”等论述，都清楚地说明宋代对茶树与环境关系的认识较唐代更为深入，并且宋代对茶园管理更注意精耕细作。《建安府志》载：“茶园恶草，每遇夏日最烈时，用众锄治，杀去草根，以粪茶根，名曰开畲。若私家开畲，即夏半初秋各用工一次”。还专门提及桐茶间作可以改善茶园小气候，更有利于茶树生长发育。同时，宋代盛行的斗茶之风使许多茶产地竞相选择好的茶树品种，加工好茶以作斗茶之用，从而促使人们重视茶树品种的研究和选择，推动了茶树良种的种植。

在此期间，茶树不仅在国内传播，而且也逐渐向国外传播。公元 804 年，日本僧人最澄来我国浙江学佛，回国时（公元 805 年）携回茶籽，并将其种植于近江国（今滋贺县）比睿山麓（今大津市坂本）日吉神社旁。据朝鲜古籍《三国史记》卷十《新罗本纪》的记载，新罗兴德王三年（公元 828 年），遣唐使大廉由中国带回茶籽并种于地理山（今韩国智异山）。宋代时，日本“茶祖”荣西第二次来我国浙江学佛时，于公元 1191 年归国时把茶籽带回日本，成为现在著名的宇治茶、伊势茶、静冈茶、狭山茶的产地。另外，日本僧人圆尔辨圆于公元 1241 年又带回浙江茶籽，播种在枥泽（今静冈县）隔开一山的足洼村（今美和町九足保），成为今骏河茶的发源地。

元代茶区在宋代基础上又有了新的开拓，主要分布在长江流域、淮南及广东、广西一带，当时全国茶叶产量约 10 万 t。

明代茶树栽培面积继续扩大。公元 1405～1433 年，郑和把茶籽带到台湾栽种，开辟了我国台湾茶区。从云南的金齿（今保山）、湾甸（今镇康县北）向北绵延一直到今山东的莱阳，基本上各个地区都形成了主要茶叶产地和代表性名茶。

清代（公元 1644～1911 年）的茶叶产区更加扩大，其中 1886 年的茶叶产量达 22.5 万 t，出口量 13.4 万 t，形成了以茶类为中心的种植区域。

在茶树栽培管理上，明清较唐宋有了明显的飞跃。据万国鼎[1]统计，从唐代到清代共著有茶书 98 种，而明清就有 66 种之多，众多的茶书从另一个侧面反映了种茶技术的成果，尤其是在茶树繁殖、茶园间作、覆盖，以及修剪等方面创立的新技术和方法，谱写了茶树栽培史的光辉篇章。在明代，尤其是在明代后期，茶树繁殖除用茶籽直播外，有的地方还采用育苗移栽法；清代又发明了茶枝扦插和压条两种无性繁殖方法。程用宾的《茶录》记载："肥园沃土，锄溉以时，萌蘖丰腴，香味充足"；罗廪在《茶解》中提出，在茶园可间作桂、梅、玉兰、松、竹和兰草、菊花等清香之品，即上层为乔木树层，中间为茶树层，下层是兰、菊花一类，通过人工营造新的植物群落，使茶园环境得到改善，茶叶品质提高，还能抑制杂草生长。清代提出在茶园覆盖干草以抑制杂草滋生，对茶树进行修剪以促其更新复壮。《匡庐游录》云："山中无别产，衣食取办于茶。地又寒苦，茶树皆不过一尺，五六年后，梗老无芽，则须伐去，俟其再蘖"。《说茶》更进一步指出："先以腰镰刈去老本，令根与土平，旁穿一小阱，厚粪其根，仍覆其土而锄之，则叶易茂。"

四、茶树栽培衰落时期

清末至中华人民共和国成立前夕（1911～1949 年）是我国历史上茶树栽培的衰落时期。鸦片战争之后，中国沦为半殖民地半封建社会，封建地主、洋行买办和官僚资本相互勾结，残酷压迫和剥削茶农。此时，国外茶产业兴起，印度、锡兰（今斯里兰卡）等国引入我国先进的栽培技术后，相继利用机械大量生产红碎茶并竞相出口，致使世界茶价下降，我国的茶产业受到了很大影响。这段时期，国内战祸频起，茶农苛捐杂税压身，经济萧条，民不聊生，导致茶园荒芜，茶叶种植面积锐减，茶叶产量剧降。到中华人民共和国成立前夕，全国茶园面积仅有 15.4 万 hm^2，茶产量 4.1 万 t/a，茶出口量 0.89 万 t/a。

五、茶树栽培恢复和再发展时期

1949 年中华人民共和国诞生，党和政府针对当时茶叶生产衰落不堪的状况采取了各种有效的政策和措施，大力扶持和发展茶叶生产，茶叶生产得到了迅速的恢复和发展。1950～1952 年，首先对荒芜茶园进行垦复，并对旧茶园进行了综合治理。之后，各地在拟订全面规划的基础上，陆续开辟了 54 万 hm^2 集中连片的新茶园，建起了 300 多个大型茶场（厂），500 多个茶叶生产基地和 28 个茶叶出口生产体系，根本上改变了茶叶生产基础。20 世纪五六十年代在鲁中南、胶东半岛、东南沿海地区发展茶叶种植；甘南地区扩展为新茶区，并且在西藏和新疆试种茶树获得成功，茶树进入天山，在林芝、米林、察隅等地开始种植，种茶区域不断扩大，茶叶产地由原来的 14 个省（自治区）的 500 余个县（市），扩大到遍布 20 个省（自治区、直辖市）的近 1000 个县（市）。截至 1970 年，全国茶园总面积已达 48.7 万 hm^2，居世界第 1 位；到 1980 年已增至 104.1 万 hm^2，1990 为 106.1 万 hm^2；至 2011 年，全国茶园总面积已达 197 万 hm^2。

新中国成立后，我国先后建立了一些茶学研究机构，设立了茶学专门人才培养学科。在茶树栽培原理及其基础研究方面，相继开展了对茶树器官形态、结构与生理功能，茶树生物学年龄变化，各器官的生长发育规律和相关性，适生条件，茶树的光合作用、呼吸作用、营养、水分和抗性生理机制，茶树生态生理，激素生理，组织培养和遗传物质的研究，并取得了丰硕的成果，茶学研究得到了快速的发展。

近年来，我国茶园面积增幅稳步收窄，面积盲目扩张趋势已得到扭转。中国茶叶流通协会公布的最新数据显示，截至 2023 年底，我国茶园面积达 343.32 万 hm^2，同比增加 10.29 万 hm^2，增幅 3.09%；开采茶园面积 310.01 万 hm^2，同比增加 7.35 万 hm^2，增幅 2.43%。其中，超过 20 万 hm^2 的省份分别有云南、贵州、四川、湖北、福建、湖南等。

第二节　中国茶产业发展现状

一、中国茶区分布

我国茶树栽培历史悠久，是世界上最古老的茶叶生产国，茶树适生地区辽阔，自然条件优越。随着栽培技术的不断改进和提高，茶树种植区域也不断扩大，现东起东经 122° 的台湾省东岸，西至东经 94° 的西藏自治区米林市，南自北纬 18° 的海南省三亚市，北达北纬 38° 附近的山东省蓬莱区，南北跨越 2100km，东西跨越 2600km 的广大区域都有茶树栽培。产茶省（自治区、直辖市）有浙江、安徽、四川、重庆、台湾、福建、云南、广东、海南、湖北、湖南、江西、贵州、广西、江苏、陕西、河南、山东、甘肃等。茶树种植区域主要集中在东经 102° 以东、北纬 32° 以南的浙江、湖南、广东、四川、云南、福建、台湾等省，全国有 100 多个县产茶。

由于地理纬度、海陆分布和地形条件的影响，我国各茶区的自然环境差异很大。就气候条件而论，我国茶区横跨中热带、边缘热带、南亚热带、中亚热带、北亚热带和暖日温带6个气候带，各地在土壤、水热、植被等方面存在明显的差异，产茶区域主要分布在亚热带区域，集中于中亚热带和南亚热带。就地形条件而论，我国茶区包括平原、盆地、丘陵、山地和高原等类型。茶树种植的海拔高差悬殊，在垂直分布上，茶树最高种植在海拔2600m高地上，而最低种植在仅距海平面几十米的低丘上。通常情况下，茶树多种植在海拔800m以下，尤其以海拔200～300m的低山丘陵种植较多。

二、中国茶区的划分及其自然条件

茶区属于经济概念，其划分要在国家总体发展生产方针指导下，综合自然、经济和社会条件，注意行政区域的基本完整性。我国茶叶种植区域分布广阔，在几个生态气候带内，由于海拔、地形、位置不同，气候、土壤条件等都有很大的差异。这些不仅对茶树的生长发育有明显的影响，而且在茶树品种分布、茶类生产、茶树栽培技术、茶叶的产量、品质，以及经济效益和持续发展等方面也都有所差别。因此，按照茶树的生物学特性，在适合于茶叶生产要求的地域空间范围内，综合地划分为若干自然、经济和社会条件大致相似、茶叶生产技术大致相同的茶树种植区域单元有着重要意义。

（一）中国茶区划分史略

中国茶区划分最早的文字记载始于唐代陆羽的《茶经》，书中把当时种植茶的43个州（郡）划分为八大茶区。①山南茶区。山南茶区包括峡州（今湖北宜昌一带）、襄州（今湖北襄阳一带）、荆州（今湖北江陵一带）、衡州（今湖南衡阳一带）、金州（今陕西安康一带）、梁州（今陕西汉中一带）。②淮南茶区。淮南茶区包括光州（今河南潢川、光山一带)、舒州（今安徽怀宁一带)、寿州（今安徽寿县一带)、蕲州（今湖北蕲春一带)、黄州（今湖北黄冈、新洲一带)、义阳郡（今河南信阳一带)。③浙西茶区。浙西茶区包括湖州（今浙江长兴一带)、常州（今江苏武进一带)、宣州（今安徽宣州一带)、杭州（今浙江杭州一带)、睦州（今浙江建德一带)、歙州（今安徽歙县一带)、润州（今江苏镇江一带)、苏州（今江苏苏州一带)。④剑南茶区。剑南茶区包括彭州（今四川彭州一带)、绵州（今四川绵阳一带)、蜀州（今重庆及四川成都一带)、邛州（今四川邛崃一带)、雅州（今四川雅安一带)、泸州（今四川泸州一带)、眉州（今四川眉山一带)、汉州（今四川广汉一带)。⑤浙东茶区。浙东茶区包括越州（今浙江绍兴一带)、明州（今浙江宁波一带)、婺州（今浙江金华一带)、台州（今浙江临海一带)。⑥黔中茶区。黔中茶区包括思州（今贵州务川一带)、播州（今贵州遵义一带)、夷州（今贵州凤冈、石阡一带)。⑦江西茶区。江西茶区包括鄂州（今湖北武汉一带)、袁州（今江西宜春一带)、吉州（今江西吉安一带)。⑧岭南茶区。岭南茶区包括福州（今福建福州、闽侯一带)、建州（今福建建瓯、建阳一带)、韶州（今广东曲江、韶关一带)、象州（今广西象州一带)。

宋代茶区分布在长江流域和淮南地区。主要产地是江南路，其次是淮南路、荆湖路、两浙路和福建路。至南宋，全国已有 66 个州 242 县产茶，并按成茶形态分成了片茶和散茶两大生产中心。元代茶区在宋代的基础上又有了新的开拓，主产区是江西等处行中书省(包括长江以南、江西大部、湖南部分，以及除雷州半岛外的广东全省及福建小部分)、湖广等处行中书省（包括湖南大部、湖北部分、广东雷州半岛、广西、贵州大部及海南)。

到了清代，国内消费的增长和对外贸易的开展，促进了种植茶的范围扩大，形成了以茶类为中心的种植区域。湖北省的蒲圻（今赤壁市)、咸宁和湖南省临湘、岳阳等地形成了砖茶生产中心；福建省的安溪、建瓯等地形成了乌龙茶生产中心；湖南省安化，安徽省祁门、旌德，江西省武宁、修水和景德镇市的浮梁形成了红茶生产中心；江西省婺源、德兴，浙江省杭州、绍兴，江苏省苏州虎丘和太湖洞庭山形成了绿茶生产中心；四川省雅安、天全、名山、荥经、灌县、大邑、什邡、安州、平武、汶川等地以生产边茶著称；广东省罗定、泗纶等地以生产珠兰花茶而驰名。

20 世纪 30 年代，吴觉农和胡浩川在《中国茶业复兴计划》[2]一书中，根据茶区自然条件、茶农经济状况、茶叶品质、分布面积及茶叶产品的出路等，系统地将全国划分为 13 个茶叶产区，其中，8 个外销茶区，包括 5 个红茶区（祁门红茶、宁红茶、湖红工夫茶、温州工夫红茶、宜红茶）、2 个绿茶区（屯溪绿茶、平水珠茶）、1 个乌龙茶区（福建乌龙）；5 个内销茶区（六安、龙井、普洱、川茶、两广）。陈椽在《茶树栽培学》[3]一书中，根据山川、地势、气候、土壤、交通运输及历史习惯，将我国划分为 4 个茶区，即浙皖赣茶区、闽台广东省茶区、两湖茶区和云川康茶区。庄晚芳在《茶作学》[4]一书中认为，根据地形、气候与茶叶生产特点，我国可划分为 4 个茶区，即华中北茶区，位于北纬 31°～32°，包括皖北、河南和陕南等地；华中南区，位于长江以南的丘陵地带，包括江苏、皖南、浙江、江西、湖北、湖南等地；四川盆地和云贵高原区，包括四川、云南、贵州；华南茶区，位于南岭以南，包括福建、广东、广西、台湾和湖南南部等地。王泽农在《我国茶区的土壤》[5]一文中，根据土壤与气候条件，将我国划分为三大茶区，即华中茶区，包括长江中下游地区；华南茶区，包括东南沿海及西江流域；华西茶区，包括云贵高原、川西山地、秦岭山地及四川盆地。周海龄在《对我国茶区划分的初步意见》和《对我国茶区划分的初步意见（续）》[6-7]两文中，以自然条件为依据，参考茶树生态类型、过去茶类生产的历史和社会经济条件，将全国划分为九大茶区，即秦巴淮阳茶区、江南丘陵茶区、浙闽山地茶区、台湾茶区、岭南茶区、黔鄂山地茶区、川西南茶区、滇西南茶区、苏鲁沿海丘陵茶区。1982 年，全国茶叶区划研究协作组在广泛听取意见和调查研究之后，依据地域差异、产茶历史、品种分布、茶类结构、生产特点，提出将全国（茶区）划分为四大茶区，即华南茶区、西南茶区、江南茶区、江北茶区。

（二）中国四大茶区的自然概况及生产特点

我国茶区广阔，很多茶区分布在山岳、丘陵地带，自然条件相差较大。我国气温和降水量自北向南相伴增高，土壤自北而南依次是黄棕壤、黄褐土、红壤、黑壤、砖红壤。在不同气候带内种植的茶树，受海拔、地形和纬度等不同因素影响，气候和土壤存在差异，其生长发育状况也明显不同，从而栽培技术要求也要有所不同[8]。四大茶区的自然概况和生产特点如下。

1. 华南茶区

华南茶区是我国气温最高的 1 个茶区，也是茶树生态适宜性区划的最适宜区，包括福建大樟溪、雁石溪，广东梅江、连江，广西浔江、红水河，云南南盘江、无量山、保山、盈江以南。

华南茶区内有乔木、小乔木、灌木等各种类型的茶树品种，茶资源极为丰富，生产红茶、乌龙茶、花茶、白茶和六堡茶等。华南茶区除闽北、粤北和桂北等少数地区外，年平均气温为 19～22℃，1 月平均气温为 7～14℃，茶树年生长期 300d 以上，年平均降水量是中国茶区之最，一般为 1200～2000mm，其中台湾省雨量特别充沛，年平均降水量常超过 2000mm。茶区土壤以赤红壤为主，部分地区也有红壤和黄壤分布，土层深厚，有机质含量丰富。

2. 西南茶区

西南茶区位于米仓山、大巴山以南，红水河、南盘江、盈江以北，神农架、巫山、方斗山、武陵山以西，大渡河以东，包括贵州、四川、重庆、云南中北部和西藏东南部等地。西南茶区地形复杂，地势高，区内各地气候差别较大，但大部分地区均属亚热带，水热条件较好。年平均气温为 14～18℃，四川盆地的年平均气温在 17℃以上，云贵高原的年平均气温为 14～15℃。除个别特殊地区外，1 月平均气温一般在-3℃。除重庆外，7 月平均气温一般都低于 28℃。年平均降水量在 1000mm 以上，降水量以夏季最高，夏季降水占全年的 40%～50%。西南茶区大部分地区是盆地、高原，土壤类型较多，滇中北为赤红壤、山地红壤和棕壤；川、黔及藏东南以黄壤为主，pH 为 5.5～6.5，有机质含量一般较低。西南茶区茶树资源较多，所栽培的茶树种类有灌木型、小乔木型和乔木型，生产的茶类有红茶、绿茶、普洱茶、花茶和边茶等。

3. 江南茶区

江南茶区位于长江以南，大樟溪、雁石溪、梅江、连江以北，包括广东北部、广西北部、福建中北部、安徽南部、江苏南部和湖北省南部，以及湖南、江西和浙江等省，是我国茶叶的主产区。江南茶区基本上属于中亚热带季风气候，南部为南亚热带季风气候。气候特点是春温、夏热、秋爽、冬寒，四季分明；年平均气温在 15.5℃以上，南部可达 18℃左右，1 月平均气温为 3.0～8.0℃，北部往往因寒潮南下使温度剧降，部分地区可达-5℃，有的年份甚至下降至-16～-8℃。7 月平均气温为 27～29℃，极端最高气温有时达 40℃以上，部分地区因夏日高温，会发生伏旱或秋旱。全年无霜期 230～280d，茶树生长期 225～270d。年平均降水量 1000～1400mm，春季降水量最多，秋冬季较少。江南茶区宜茶土壤基本上是红壤，部分为黄壤或黄棕壤，还有部分黄褐土、紫色土、山地棕壤和冲积土等，pH 为 5.0～5.5。茶区产茶历史悠久，资源丰富。茶树品种主要是灌木型中叶种和小叶种，小乔木型的中叶种和大叶种也有分布。生产茶类有绿茶、红茶、青茶、白茶、黑茶，以及各种特种名茶，如西湖龙井、君山银针、黄山毛峰、洞庭碧螺春等历史名茶，品质优异，驰名中外，具有较高的经济价值。

4. 江北茶区

江北茶区位于长江以北，秦岭-淮河以南，以及山东沂河以东部分地区，包括甘肃南部、陕西南部和河南南部，湖北北部、安徽北部和江苏北部，以及山东东南部等地，是我国最北的茶区。江北茶区处于北亚热带边缘，与其他茶区相比，气温低，积温少。大多数地区年平均气温在 15.5℃以下，1 月平均气温为 1～5℃，极端最低气温多年平均为-10℃，个别地区可低至-15℃。10℃以上有效积温的持续时间为 180～225d，年活动积温为 4500～5200℃，年茶树生长期 180～210d。年平均降水量 700～1000mm，四季降水不均，夏季降水最多，占全年降水量的 40%～50%；冬季最少，仅为全年降水量的 5%～10%。常发生冬春干旱现象。

江北茶区地形较复杂，有的茶区土壤 pH 略偏高，宜茶土壤多为黄棕壤，部分为棕壤，是在常绿阔叶混交林的作用下而形成，土质黏重。茶区种茶历史悠久，新中国成立后，江北茶区规模更有所扩大。茶树品种多为灌木型中小叶种，抗寒性较强。生产茶类主要为绿茶，由于生长季节昼夜温差大，所制绿茶香高味浓，品质较优。

我国茶区自然条件优越，气温、降水量和土壤条件等基本符合茶树生长的要求。只有个别地区的冬季气温较低，或夏季有高热，或全年降水量在 1000mm 以下，或土壤质地黏重、肥力低等。在新茶园建立或老茶园改造时，要充分发挥自然条件的优越性，利用山地微域气候的特点，因地制宜地采用适合当地气候条件和土壤条件的茶树良种和栽培管理技术措施，为茶树良好生长营造一个有利的生态环境，将茶园建成“一优两高”（优质、高产、高效）的生产基地，使其生产出更多更好的茶叶。

三、中国主要产茶省份

中国作为茶叶大国，茶区东起台湾东部海岸，西至西藏易贡，南至海南岛榆林海港，北到山东荣成市。目前，中国有近 20 个主要产茶省（自治区、直辖市），各主要产茶省（自治区、直辖市）主要产茶县（市、区）统计如下（表 1-1）。

表 1-1　中国主要产茶省（自治区、直辖市）及主要产茶县（市、区）

省（自治区、直辖市）	茶区名称	主要产茶县（市、区）
浙江	浙北、浙南、浙中	嵊州、绍兴、诸暨、淳安、临安、杭州、余杭、萧山、富阳、桐庐、建德、安吉、鄞州、奉化、新昌、平阳、苍南、泰顺、遂昌、临海、衢州、开化、江山、上虞、余姚、天台、宁海、东阳、金华、武义、浦江、镇海
湖南	湘北、湘东、湘南、湘中、湘西	临湘、安化、桃江、汉寿、涟源、益阳、宁乡、双峰、平江、浏阳、湘阴、长沙、新化、洞口、邵东、湘乡、醴陵、茶陵、桃源、隆回、武冈、望城、岳阳、常德
安徽	黄山、大别山、江南丘陵、江淮丘陵、皖东丘陵	歙县、休宁、祁门、黄山、徽州、潜山、青阳、宁国、泾县、东至、贵池、太湖、舒城、霍山、金寨、六安、岳西、石台、宣州、黟县、绩溪、广德、郎溪等
四川	川东南、川西、川东北	雅安、开江、筠连、珙县、北川、宣汉、万州、梁平、高县、宜宾、峨眉山、大竹、名山、荥经、巴中、自贡、永昌、叙永、叙州、仁寿、沐川、峨边、马边、都江堰、邛崃、平武、天全、芦山、雷波
重庆		南川、云阳、巫溪、武隆、涪陵、綦江、长寿、江津、永川、忠县、城口
云南	滇西、滇南、滇中、滇东北、滇西北	凤庆、勐海、景东、景谷、保山、腾冲、龙陵、云县、临沧、永德、镇康、普洱、昌宁、景洪、沧源、芒市、江城、澜沧、景洪、梁河、双江、耿马
福建	闽东、闽北、闽南	安溪、福安、福鼎、建瓯、建阳、云霄、平和、连江、浦城、邵武、武夷山、罗源、屏南、柘荣、仙游、南安、龙海、南靖、诏安
台湾	北部、西部、中南部、东部及高山地区	南投、台北、新竹、嘉义、桃园、苗栗、台东、宜兰

续表

省（自治区、直辖市）	茶区名称	主要产茶县（市、区）
广东	粤东、粤西、粤北	英德、高明、鹤山、清远、乐昌、广宁、怀集、韶关、饶平、潮安、普宁、和平
海南		保亭、琼中、定安、五指山
湖北	鄂西南、鄂东南、鄂东北、鄂西北、鄂中北	蒲圻、咸宁、崇阳、通城、通山、鹤峰、恩施、宜昌、五峰、红安、英山、浠水、麻城、宜都、武汉
江西	赣东北、赣西北、赣中、赣南	景德镇、上饶、修水、婺源、上犹、武宁
贵州	黔中、黔东、黔北、黔南、黔西	湄潭、凤冈、印江、石阡、黎平、都匀、晴隆、道真、贵定等
广西	桂西南、苍梧、桂中北	灵山、柳城、龙州、横州、百色、容县、北流、玉林、钦州、鹿寨、上林
江苏	太湖、镇宁扬、云台山	宜兴、溧阳、金坛、句容、无锡、溧水、高淳、吴县
陕西	巴山米仓山、秦岭	紫阳、安康、岚皋、南郑
河南	豫南、豫西南	新县、信阳、南阳、光山、罗山、商城、固始
山东	鲁东南、鲁中南、胶东半岛	日照、沂南、莒县、蒙阴
甘肃	陇南、陇东南	文县、武都、康县

四、中国茶叶产销情况

1. 茶园面积

中国茶叶流通协会公布的数据显示，2023 年全国茶园总面积为 343.32 万 hm^2，同比增加 10.29 万 hm^2，增幅为 3.09%。全国已开采茶园面积为 310.01 万 hm^2，同比增加 7.35 万 hm^2，增幅为 2.43%。

2. 茶叶产量

中国茶叶流通协会公布的数据显示，2023 年全国干毛茶总产量为 333.95 万 t，同比增长 15.8 万 t，增幅为 4.97%。

3. 茶叶产值

中国茶叶流通协会公布的数据显示，2023 年全国干毛茶总产值达

3296.7 亿元，同比增加 116.01 亿元，增幅为 3.7%。其中：绿茶产值 2060.6 亿元，占总产值的 62.5%；红茶产值 519.7 亿元，占总产值的 15.7%；黑茶产值 310.4 亿元，占总产值的 9.4%；青茶产值 288.5 亿元，占总产值的 8.8%；白茶产值 87.0 亿元，占总产值的 2.6%；黄茶产值 30.5 亿元，占总产值的 1.0%。

4. 茶类结构

中国茶叶流通协会公布的数据显示，2023 年全国绿茶产量 193.4 万 t，同比增加 8.0 万 t，增幅为 4.3%，占总产量的 57.9%；红茶产量 49.1 万 t，同比增加 0.9 万 t，增幅为 1.9%，占总产量的 14.7%；黑茶产量 45.8 万 t，同比增加 3.2 万 t，增幅为 7.5%，占总产量的 13.7%；青茶产量 33.3 万 t，同比增加 2.15 万 t，增幅为 6.9%，占总产量的 10.0%；白茶产量 10.0 万 t，同比增加 0.56 万 t，增幅为 6.0%，占总产量的 3.0%；黄茶产量 2.3 万 t，同比增加 1.0 万 t，增幅为 76.9%，占总产量的 0.7%。

5. 国内市场销售情况

中国茶叶流通协会公布的数据显示，2023 年中国茶叶内销总量为 240.4 万 t，同比增加 0.7 万 t，增幅为 0.3%；内销总额 3346.7 亿元，同比减少 48.5 亿元，降幅为 1.5%。

第三节　中国特色茶发展情况

我国茶叶品类繁多，各产茶省、各茶区生产加工的茶叶产品都具有一定的区域特色。中国四大茶区特色茶发展情况如下。

一、华南茶区

华南产区又称岭南产区，包括广东（东部、北部和西部）、广西（东南、西南、西北）、福建（南部）、台湾、海南等省，主要生产青茶、红茶、白茶等，如铁观音、正山小种、武夷岩茶、政和白茶、福鼎白茶等特色茶。

1. 安溪铁观音

安溪铁观音属于青茶类，是中国十大名茶之一。主产于福建省泉州市安溪县，发现于 1723～1735 年，既是茶名，也是茶树品种名，其作为产品介于绿茶和红茶之间，属于半发酵茶类。安溪铁观音独具“观音韵”，清香雅韵，冲泡后有天然的兰花香，滋味纯浓，香气馥郁持久，素有“七泡有余香”之誉。

2. 正山小种

正山小种属于红茶类，主产于福建省武夷山市星村镇。正山小种具有外形紧结匀整、色泽铁青带褐、较油润、有天然花香、香不强烈，细而含蓄、味醇厚甘爽、喉韵明显、汤色橙黄清明等特征。

3. 武夷岩茶

武夷岩茶属于青茶类，主产于福建闽北“秀甲东南”的武夷山一带，是中国传统名茶。武夷岩茶具有绿茶之清香、红茶之甘醇，是中国青茶中的极品，其外形叶端扭曲似蜻蜓头，色泽铁青带褐、油润，内质活、甘、清、香，具有明显的岩骨花香等特征。

4. 政和白茶

政和白茶属于白茶类，主产于福建省政和县，是国家地理标志产品。政和白茶早期用单芽茶青作为原料生产加工而成，产品外形具有饱满的芽、满披白毫，有灰绿色、银色闪光，挺直如针，茶汤呈杏黄色、清澈明亮、香气清新、入口毫香、口感清甜鲜爽，叶底均匀明亮等特征。

5. 福鼎白茶

福鼎白茶属于白茶类，主产于福建省宁德市、福鼎市等地，是国家地理标志产品。福鼎白茶产品主要包括白毫银针、白牡丹、贡眉、寿眉、新工艺白茶、紧压白茶等。福鼎白茶制作时不炒不揉，采用特殊工艺制作而成，其具有外形芽毫完整、汤色杏黄清澈、滋味清淡、清甜爽口等特征。

二、西南茶区

西南茶区地处高原，因此又称高原茶区，包括云南、贵州、四川等省，出产茶类品类丰富，如云南普洱、都匀毛尖、遵义红茶、石阡苔茶、梵净山翠峰茶、峨眉竹叶青等特色茶。

1. 云南普洱

云南普洱茶属于黑茶类，主产于云南的西双版纳、临沧、普洱等地，普洱茶按制作方式可分为普洱散茶和普洱紧茶两大类。普洱散茶的传统品类为毛尖、粗叶，今已发展为普洱绿茶、普洱青茶、普洱红茶、普洱黑茶、普洱黄茶、普洱白茶 6 个品类；普洱紧茶根据外形不同，可分为饼茶、沱茶、砖茶、龙珠、柱茶 5 个品类。普洱茶具有茶汤橙黄浓厚、香气高锐持久、香型独特、滋味浓醇、经久耐泡等特征。

2. 都匀毛尖

都匀毛尖属于绿茶类，又名白毛尖、细毛尖、鱼钩茶、雀舌茶，是贵州三大名茶之一，也是中国十大名茶之一。都匀毛尖具有外形细、圆、光、直、多白毫，色泽翠绿，香气香高持久，滋味浓醇，回甘生津，汤色明亮清澈等特征。

3. 遵义红茶

遵义红茶属于红茶类，主产于贵州省遵义市的湄潭县、凤冈县、余庆县、道真县、正安县、务川县、习水县等地，是国家地理标志产品。遵义红茶具有汤色红亮透明，香气馥郁，甜香高、持久，滋味鲜爽醇厚等特征。

4. 石阡苔茶

石阡苔茶是贵州三大名茶之一，主产于贵州省铜仁市石阡县，是国家地理标志产品。石阡苔茶既是茶树品种名，又是石阡县茶叶区域品牌公用名，更是茶叶产品名。石阡苔茶主要用以生产绿茶，其中石阡苔茶扁形绿茶具有外形自然芽状、稍扁、有毫，绿润，匀整，汤色黄绿、明亮，清香，滋味鲜爽，叶底完整、嫩匀等特征。

5. 梵净山翠峰茶

梵净山翠峰茶属于绿茶类，主产于贵州省铜仁市印江土家族苗族自治县，是国家地理标志产品。梵净山翠峰茶具有色泽嫩绿鲜润、匀整、洁净、香气清香持久、栗香显露，滋味鲜醇爽口，汤色嫩绿、清澈，叶底芽叶完整细嫩、匀齐、嫩绿明亮等特征。

6. 峨眉竹叶青

峨眉竹叶青属于绿茶类，主产于四川峨眉山一带。峨眉竹叶青具有外形扁平光润、挺直秀丽、色泽嫩绿油润、香气清香馥郁、汤色嫩绿明亮、滋味鲜嫩醇爽、叶底嫩匀等特征。

三、江南茶区

江南茶区为长江中下游南部的茶区，包括浙江、湖南、江西，以及皖南、苏南、鄂南等地，主要以生产绿茶为主，红茶、黑茶、黄茶、花茶也有生产，如西湖龙井、黄山毛峰、洞庭碧螺春、君山银针、安吉白茶等特色茶。

1. 西湖龙井

西湖龙井属于绿茶类，主产于浙江省杭州市西湖区、余杭区、富阳区和建德市等地，是中国十大名茶之一。西湖龙井具有外形扁平挺秀，色泽绿翠，内质清香味醇，泡在杯中芽叶色绿等特征，素以“色绿、香郁、味甘、形美”四绝而称著。

2. 黄山毛峰

黄山毛峰属于绿茶类，主产于安徽省黄山一带，是中国十大名茶之一。黄山毛峰茶具有外形微卷、状似雀舌、绿中泛黄、银毫显露，汤色清碧微黄，香气如兰、韵味深长，滋味醇甘，叶底黄绿有活力等特征。

3. 洞庭碧螺春

洞庭碧螺春属于绿茶类，主产于江苏省吴县太湖之滨的东、西洞庭山一带。洞庭碧螺春具有外形条索纤细、卷曲成螺、满身披毫、银白隐翠，香气浓郁，滋味鲜醇甘厚，汤色碧绿清澈，叶底嫩绿明亮等特征。

4. 君山银针

君山银针属于黄茶类，主产于湖南省岳阳市洞庭湖一带，是中国名茶之一。君山银针具有外形芽壮多毫、条直匀齐、饱满匀整、色泽嫩黄，汤色杏黄明亮、滋味鲜醇回甘等特征。

5. 安吉白茶

安吉白茶属于绿茶类，主产于浙江省湖州市安吉县，是国家地理标志产品。安吉白茶具有外形挺直略扁、形如兰蕙、色泽翠绿，香气清香高扬且持久、滋味鲜爽、叶底嫩绿明亮、芽叶成朵等特征。

四、江北茶区

江北茶区分布于长江中下游的北岸，包括河南南部、陕西南部、甘肃南部、山东，以及皖北、苏北、鄂北等地。江北茶区主要出产绿茶，如信阳毛尖、六安瓜片、舒城兰花等特色茶。

1. 信阳毛尖

信阳毛尖属于绿茶类，主产于河南省信阳市浉河区、平桥区和罗山县等地，是中国十大名茶之一。信阳毛尖的色、香、味、形均有独特个性，具有外形细、圆、光、直、多白毫，色泽翠绿，香气香高持久，滋味浓醇、回甘生津，汤色明亮清澈等特征。

2. 六安瓜片

六安瓜片属于绿茶类，主产于安徽省六安市霍山、金寨等地。六安瓜片具有外形扁平挺秀，色泽翠绿、香气高雅、滋味鲜爽、叶底嫩绿等特征。

3. 舒城兰花

舒城兰花属于绿茶类，主产于安徽省舒城、桐城、庐江、岳西一带。舒城兰花具有外形条索细卷呈弯钩状，芽叶成朵，色泽翠绿匀润，毫锋显露；内质香气呈兰花香型，鲜爽持久，滋味甘醇，汤色嫩绿明净，叶底匀整、呈黄绿色等特征。

第四节　中国茶叶标准化发展历程

茶叶标准和标准化是一个历史的、动态的描述，也就是辞海里广泛定义的“衡量事物的准则”“榜样、规范”的概念，并不拘泥于我们当今时代所定义的法定意义上的概念，即任何产生和实施榜样化、规范化的活动就是标准化。推动茶叶榜样化、规范化发展的动力在于科学技术和社会文明的不断进步[9]。纵观历史长河，从茶叶标准化起源来看，中国茶叶标准化发展历程可以从古代、近代和现代 3 个时期来加以分析和探究，每个时期都具有鲜明的时代背景和人文特征。

一、古代茶叶标准化时期

中国是一个有着辉煌文明的古老国家。古代茶叶标准化时期是指唐代到清代这段历史时期。唐代茶叶标准化是以陆羽《茶经》为重要标志。

（一）宋代制茶工艺得到快速发展

宋代制茶新品不断涌现。北宋年间，做成团片状的龙凤团茶盛行。宋代熊蕃《宣和北苑贡茶录》记述“宋太平兴国初，特置龙凤模，遣使即北苑造团茶，以别庶饮，龙凤茶盖始于此”。据宋代赵汝励《北苑别录》记述，龙凤团茶的制作工艺有六道工序：蒸茶、榨茶、研茶、造茶、过黄、烘茶。茶芽采回后先浸泡于水中，挑选匀整芽叶进行蒸青，蒸后冷水清洗，然后小榨去水，大榨去茶汁，去汁后置瓦盆内对水研细，再入龙凤模压饼、烘干。龙凤团茶的制作工序中冷水快冲保持了绿色，提高了茶叶质量，但水浸和榨汁的做法夺走了香味，使茶香损失极大，且制作过程耗工费时，进一步促使了蒸青散茶的出现。《宋史·食货志》载："茶有二类，曰片茶，曰散茶。"片茶即饼茶。元代王祯在《农书·卷十·百谷谱》中，对当时制作蒸青散茶工序有详细记载："采讫，一甑微蒸，生熟得所。蒸已，用筐箔薄摊，乘湿揉之，入焙，匀布火，烘令干，勿使焦"。宋代梅尧臣诗云"自从陆羽生人间，人间相学事春茶"，这说明宋代茶叶标准化已发展到了盛行时期。

（二）元明清代制茶技术日趋完善

元代饼茶、龙凤团茶和散茶同时并存；明清时代，历经 300 多年的发展，形成了六大茶类，最早是绿茶，其后是黄茶和黑茶，再往后是白茶和红茶，最后是青茶。在明代，由于明太祖朱元璋于 1391 年下诏废龙团兴散茶，使蒸青散茶大为流行，炒青散茶也逐渐增多，制茶技术日趋完善，对此《茶疏》《茶解》中均有详细记载，其制作工艺为高温杀青、揉捻、复炒、烘焙至干。制茶技术逐步变革，新的制茶工艺随之不断推陈出新，制茶花色也越来越多。松萝、珠茶、龙井、瓜片、毛峰等名茶先后出现。清代炒青工艺已经与现代炒青绿茶制作方法非常相似。在制茶过程中，注重对茶叶香气和滋味的探索，通过不发酵、半发酵到全发酵等不同程度的发酵程序引起茶叶不同的内质变化，把操作技术模式标准固定下来，形成不同的加工工艺，从而将茶叶鲜叶制成色、香、味、形等品质特征各具特色的六大茶类。

（三）茶文化的演化体现了古代中国茶道的时韵风尚

宋代传承了唐代的饮茶之风，并日益普及盛行，后演化成具有文化之风的饮茶之道。宋代梅尧臣《南有嘉茗赋》云："华夷蛮貊，固日饮而无厌，富贵贫贱，不时啜而不宁。"宋代吴自牧《梦粱录·鲞铺》载："盖人家每日不可阙者，柴米油盐酱醋茶。"自宋代始，茶就成为开门"七件事"（柴米油盐酱醋茶）之一。宋徽宗赵佶《大观茶论》序云："缙绅之士，韦布之流，沐浴膏泽，熏陶德化，盛以雅尚相推，从事茗饮。故近岁以来，采择之精，制作之工，品第之胜，烹点之妙，莫不盛早其极。”说明宋代中国茶道已经有了一套完整的标准程序，体现了宋代茶文化的精神内涵。古代中国茶道的形成具有不同的时代特色和内容。宋元时期，将团茶碾成细末，置入盏内，冲入少许沸水，搅拌调匀，再注入更多的沸水，并以茶筅搅打至稠滑状后品用，这是当时最受推崇的研膏团茶点茶法。民间普及的另一大特色茶事——“斗茶”更是一门综合性的技术，包括水、具、火候、注汤时机和调汤动作等一系列内容。明清时期，茶叶由紧压茶改为条形散茶，人们不再将茶碾成粉末，而是直接将散茶加入壶或盏中冲泡饮用，这种制作方式保留了茶叶的清香味。宋代推崇小壶缓啜的工夫茶冲泡方法，推动了茶馆文化的风行，并一直流传演化至今。

二、近代茶叶标准化时期

近代茶叶标准化时期是指从清代（第一次鸦片战争，1840 年）到新中国成立（1949 年）这段时期。中国茶因具有独到的风味特色，早在 18 世纪末至 19 世纪就已远销欧洲、美洲、亚洲、非洲和大洋洲，成为中国对外贸易的重要出口商品。19 世纪末，茶叶进口国对中国茶叶质量的纷争愈演愈烈，甚至以品质掺杂为由限制输入，加之贸易关系等因素影响，茶叶出口量从 1886 年的 13.4 万 t 跌至 1920 年的 1.8 万 t。为了重塑中国茶的出口质量形象，民间自发和官方的茶叶检验机构相继出现。1915 年，浙江温州地区曾自发性成立过“永嘉茶叶检验处”，专门查验出口茶。1929 年，国民政府工商部在上海、汉口两地首先成立商品检验局。1931 年 6 月 20 日，国民政府实业部颁布了中国第 1 个出口茶叶检测标准《出口茶叶检验规程》，同年 7 月 7 日公布了茶叶检测实施细则，次日正式实施。规定输出茶类（绿茶、红茶、花熏茶、红砖茶及绿砖茶、毛茶、茶片、茶末、茶梗等）必须经商检检验合格授予证书，海关凭证放行。对于茶叶品质检验，则制定了最低标准样茶，以此作为检验依据，并规定了出口茶叶的水分、灰分含量指标。国民政府实业部国产委员会还成立了茶叶产地检验管理处，在浙江、广东、江西、福建等省的茶叶主要产地、集散地设立机构，办理产地检验。由此可见，在这一时期，茶叶逐渐成为政府管控的重要商品，茶叶标准化主要推进了法令颁布，建立了检验合格制度。同时，由于近代战争的摧残，茶叶成为外国掠夺中国财富的有用商品，中国茶道也日趋衰落并平民化。民国时期，饮茶礼数多体现解渴的供能化和消遣的大众化，以大众茶馆和大碗茶为代表特征。

三、现代茶叶标准化时期

现代茶叶标准化时期是指新中国成立以来的茶叶标准化时期。可以分为两个阶段：第一阶段（1949～1989 年），从新中国成立至《中华人民共和国标准化法》颁布实施以前，茶叶标准化以推动出口贸易为主要目的。这一时期，茶叶是我国非常重要的出口换汇农产品，实行出口许可配额管理，随后逐渐从第一类配额商品放开到第二类、第三类，随着我国茶叶总产量的不断提高和出口商品种类的增多，最终取消了对茶叶的出口配额管理，可以进行自由国际贸易。第二阶段（1990 年至今），《中华人民共和国标准化法》的颁布实施标志着现代茶叶标准化发展步入了法制化建设的有序轨道，尤其是全国茶叶标准化技术委员会的成立，使我国茶叶标准化逐步融入了国际标准化组织的有关事务，增添了从无到有的话语权，使我国茶叶标准化具有了更为宽阔的国际视野，推动了现代茶叶标准化的不断发展。

1950 年 3 月，中央人民政府贸易部在北京召开了第一届全国商品检验会议，制定了《茶叶出口检验暂行标准》和《茶叶产地检验暂行办法》，恢复了由于抗日战争而中断的茶叶检验，并增设了检验机构。茶叶被列为法定检验商品，检验项目也从原来的感官品质、水分、灰分、着色等增加到感官品质、水分、灰分、粉末、包装、卫生、农药残留量、重金属含量、放射物污染、黄曲霉毒素种类及数量、内在质量等。至 20 世纪 80 年代末，茶叶检验机构已遍布全国主要产茶省和主要港口，茶叶科技人才的培养也十分兴盛。这一时期以红茶为主要代表，制定了相应的产品和技术标准，并且建立了出口茶贸易标准样（实物样），如绿茶贸易标准样（包括珍眉、珠茶等）、特种茶标准样（龙井等）、红茶贸易标准样等系列标准，并定期进行更新完善。

自《中华人民共和国标准化法》颁布实施以来，我国逐步形成了较为完善的中国茶叶标准化体系，其涵盖了茶叶生产、加工和流通贸易的全过程，这些标准的贯彻实施推动了现代茶叶标准化的快速发展。依据法律法规确立了标准化管理部门自身的法定地位，相关部门又相继颁布了很多项涉及茶叶的国家标准、行业标准、省级和地方标准，有一些是国家强制标准，其内容涉及茶叶品质、卫生、检测方法、包装、栽培、育种、茶叶机械、茶叶再制品等，这些举措使我国成为世界上茶叶标准最多、最全的国家。根据标准执行情况和现实需要适时对这些标准进行修订更新，推动了我国茶产业的技术进步。这一时期以茶叶标准园创建和现代化茶叶企业建设为主要代表，对茶叶标准化发展提出了更高的要求，以科技创新为核心，努力实现茶叶生产加工过程和产品结果的整体标准化。

在现代茶叶标准化时期，中国茶文化得到了大力恢复和弘扬。这一时期的中国茶道的发展显著体现了不同茶类的特点，在艺术形态表现形式上，如服装、道具、礼仪等不同内容方面又体现了地域民族特色，现代中国茶道已经呈现出多姿多彩的地域茶文化景象。

第五节 标准与标准化概念及内涵

一、标准的概念及内涵

标准是衡量人或事物的依据或准则，是科学、技术和实践经验的总结。《标准化工作指南 第 1 部分：标准化和相关活动的通用术语》(GB/T 20000.1—2014) 对“标准”的定义是：通过标准化活动，按照规定的程序经协商一致制定，为各种活动或其结果提供规则、指南或特性，供共同使用和重复使用的文件。同时在定义后注明：①标准宜以科学、技术和经验的综合成果为基础；②规定的程序指制定标准的机构颁布的标准制定程序；③诸如国际标准、区域标准、国家标准等，由于它们可以公开获得以及必要时通过修正或修订保持与最新技术水平同步，因此它们被视为构成了公认的技术规则。其他层次上通过的标准，诸如专业协（学）会标准、企业标准等，在地域上可影响几个国家。

《中华人民共和国标准化法》(2017) 对标准（含标准样品）的定义是指农业、工业、服务业及社会事业等领域需要统一的技术要求。标准包括国家标准、行业标准、地方标准和团体标准、企业标准。国家标准分为强制性标准、推荐性标准，行业标准和地方标准均是推荐性标准。强制性标准必须执行。国家鼓励采用推荐性标准。

综上所述，标准是对重复性事物和概念所做的统一规定，以科学技术和实践经验的结合成果为基础，经有关方面协商一致，由主管机构批准，以特定形式发布作为共同遵守的准则和依据。

二、标准化的概念及内涵

为了在一定的范围内获得最佳秩序，对实际的或潜在的问题制定共同的和重复使用的规则的活动，即制定、发布及实施标准的过程，称为标准化。

《标准化工作指南 第 1 部分：标准化和相关活动的通用术语》（GB/T 20000.1—2014）对标准化的定义是：为了在既定范围内获得最佳秩序，促进共同效益，对现实问题或潜在问题确立共同使用和重复使用的条款以及编制、发布和应用文件的活动。同时在定义后注明：①标准化活动确立的条款，可形成标准化文件，包括标准和其他标准化文件；②标准化的主要效益在于为了产品、过程或服务的预期目的改进它们的适用性，促进贸易、交流以及技术合作。

综上所述，标准化是指在经济、技术、科学和管理等社会实践中，对重复性的事物和概念，通过制定、发布和实施标准达到统一，以获得最佳秩序和社会效益。

第六节 茶叶标准的分类

一、按标准制定主体划分

根据制定的主体，我国茶叶标准划分为 5 类，即国家标准、行业标准、地方标准、团体标准和企业标准。各类标准之间有一定的依从关系和内在联系，形成了一个既覆盖全国又层次分明的标准体系。

1. 国家标准

对需要在全国范围内统一的技术要求，应当制定国家标准。国家标准是指由国家标准化主管机构批准、发布，在全国范围内统一使用的标准。国家标准代号为 GB 和 GB/T，其含义分别为强制性国家标准和推荐性国家标准。

2. 行业标准

对没有国家标准又需要在全国某个行业范围内统一的技术要求，可以制定行业标准，作为对国家标准的补充，当相应的国家标准实施后，该行业标准应自行废止。行业标准由行业标准归口部门编制计划、审批、编号、发布、管理。行业标准的归口部门及其所管理的行业标准范围，由国务院行政主管部门审定。我国茶叶行业标准为推荐性行业标准，标准代号为NY/T。

3. 地方标准

对没有国家标准和行业标准而又需要在省、自治区、直辖市范围内统一的要求，可以制定地方标准。地方标准由省、自治区、直辖市标准化行政主管部门统一编制计划、组织制定、审批、编号、发布。地方标准也分强制性与推荐性。我国茶叶的地方标准为推荐性地方标准，标准代号为DB/T。

4. 团体标准

茶叶团体标准是由团体按照团体确立的标准制定程序自主制定发布，由社会自愿采用的标准，团体标准只是对某一团体适用。团体是指具有法人资格且具备相应专业技术能力、标准化工作能力和组织管理能力的学会、协会、商会、联合会和产业技术联盟等社会团体。社会团体可在没有国家标准、行业标准和地方标准的情况下，制定团体标准，快速响应创新和市场对标准的需求，填补现有标准空白，团体标准具有制定标准周期短、快速适应发展需求的优点。我国茶叶团体标准的标准代号为T/。

5. 企业标准

茶叶企业标准是对企业范围内需要协调、统一的技术要求、管理要求和工作要求所制定的标准。企业标准要求不得低于相应的国家标准或行业标准的要求。企业标准由企业制定，由企业法人代表或法人代表授权的主管领导批准、发布。企业产品标准应在发布后 30 日内向政府备案，我国企业标准的标准代号为 Q/。

二、按标准信息载体划分

按标准信息载体划分，茶叶标准可分为标准文件和标准样品。

1. 标准文件

茶叶标准文件是以文字的形式，对茶叶领域的共同准则提出要求或做出规定。

2. 标准样品

标准样品是以实物的形式，对某一领域的标准文件以实物的形式体现，是标准文件的补充，主要用于质量检验鉴定的对比依据，作为测量设备检定、校准的依据，以及作为判断测试数据准确性和精确度的依据。茶叶是一种特殊的农副产品，决定茶叶产品品质优次的主要内容有色、香、味、形，目前仍以感官审评为主要检验方法。鉴别茶叶品质的优次以文字标准和实物标准样为依据。茶叶实物标准样是茶叶产销各方对茶叶质量共同制定和遵守的依据。茶叶实物标准样可分为毛茶标准样、加工标准样和贸易标准样。毛茶标准样是收购毛茶的质量标准，按照茶类不同有绿茶类、红茶类、青茶类、黑茶类、白茶类、黄茶类等 6 类。加工标准样又称加工验收统一标准样，是毛茶加工成各种外销、内销、边销成品茶时进行对样加工，是产品质量规格化的实物依据，也是成品茶交接验收的主要依据。贸易标准样又称销售标准样，茶叶市场放开以前专指出口茶叶贸易标准样，是根据我国外销茶叶的传统风格、市场需求和生产能力，由主管茶叶出口经营部门制定的，是茶叶对外贸易中成交计价和货物交接的实物依据。

三、按标准化对象划分

按照标准化对象划分，通常可以把茶叶标准分为技术标准、管理标准和工作标准三大类。

1. 技术标准

茶叶技术标准是指对茶叶标准化领域中需要协调统一的技术事项所制定的标准。茶叶技术标准包括基础技术标准、产品标准、工艺标准、检测试验方法标准，以及安全、卫生、环保标准等。

2. 管理标准

茶叶管理标准是指对茶叶标准化领域中需要协调统一的管理事项所制定的标准。茶叶管理标准包括基础管理标准、技术管理标准、经济管理标准、行政管理标准、生产经营管理标准等。

3. 工作标准

茶叶工作标准是指对茶叶工作的责任、权利、范围、质量要求、程序、效果、检查方法、考核办法所制定的标准。工作标准一般包括部门工作标准和岗位（个人）工作标准。

四、按标准约束力划分

按标准的约束力划分，我国茶叶标准可以分为强制性标准和推荐性标准两类。

1. 强制性标准

强制性标准是保障人体健康，人身、财产安全的标准和法律，以及行政法规规定强制执行的国家标准。强制性标准的代号是 GB，含有强制性条文及推荐性条文，具有法律层面的意义。

2. 推荐性标准

推荐性标准是指茶叶在生产、检验、使用等方面，通过经济手段或市场调节而自愿采用的国家标准，企业在使用时可以参照执行。推荐性标准没有法律层面的意义，但是推荐性标准一经接受并采用，或各方商定同意纳入经济合同中后，就具有了法律上的约束性。推荐性国家标准（GB/T）重点制定茶叶领域基础通用、与强制性国家标准配套的标准；推荐性行业标准（NY/T）重点制定茶叶领域的重要产品、工程技术、服务和行业管理标准；推荐性地方标准（DB/T）可制定满足地方自然条件、民族风俗习惯的特殊技术要求。

第七节　茶叶标准化的意义及作用

茶叶标准化是指为了保证茶叶产品的质量而制定、发布并实施的与茶叶相关的基础、产品、卫生、技术和管理标准，使茶叶在生产、加工及管理等方面获取最佳的秩序和效益，使茶叶的卫生与质量符合消费者的需求。茶叶标准化也是一个过程，包括制定茶叶标准并在实践中加以实施的全部活动过程，其意义及作用非常重大。实施茶叶标准化及相关技术政策，可以整合和引导茶叶社会资源，激活茶叶科技要素，推动茶产业技术积累、科技进步、成果推广、创新扩散、产业升级，促进区域经济、社会、环境的全面、协调、可持续发展。

茶叶标准化之所以具有重要的现实意义，是因为我国要实现农业现代化的中国梦，以现代农业为目标对茶产业提出了现代化发展的必然要求。总体看来，茶叶标准化对推动茶产业发展主要具有如下 8 个方面的作用。

1. 茶叶标准化有利于促进茶叶的科学管理

科学管理就是依据茶叶生产技术的发展规律和客观经济规律对茶叶类企业进行规范、科学管理，各种科学管理制度的形式都以标准化为基础。

2. 茶叶标准化有利于提升茶叶的经济效益

标准化应用于茶叶领域的科学研究，可以避免在研究上的重复劳动；标准化应用于茶叶领域的产品设计，可以缩短设计周期；标准化应用于茶叶领域的生产环节，可以使生产在科学的和有秩序的基础上进行；标准化应用于茶叶领域的管理过程，可以促进统一、协调、高效率等。

3. 茶叶标准化是调整茶产业结构的需要

茶叶标准化可以推动茶产业资源的合理利用，促进生产技术的系统化，实现茶产业技术的升级换代；有利于茶叶科研、生产、使用三者之间的有机统一。茶叶类科研成果一旦纳入相应标准，就能迅速得到推广和应用，因此，标准化可使茶叶新技术和新科研成果得到快速的推广应用，从而促进技术进步、优化调整产业结构。

4. 茶叶标准化有利于提高组织现代化生产效率

随着科学技术的发展，茶叶生产的社会化程度越来越高，生产规模越来越大，技术要求越来越复杂，分工越来越细，生产协作越来越广泛，这就必须通过制定和使用标准来保证茶叶各生产部门的活动，在茶叶技术上保持高度的统一和协调，以保证茶叶生产正常进行，为现代化生产创造了前提条件。

5. 茶叶标准化是做大做强茶产业的重要手段

茶叶生产的目的是茶叶消费，茶叶生产者不断开发茶叶消费市场是茶叶生产的必然诉求。茶叶标准化不仅为茶产业扩大生产规模、满足市场需求提供了可能，也为实施售后服务、扩大竞争创造了条件。特别强调的是，一个国家或地区的经济发展已经同全球经济紧密结成一体，茶叶标准和标准化不仅为世界一体化的茶叶市场开辟了道路，也为进入这样的市场设置了门槛。

6. 茶叶标准化有利于丰富茶叶产品的研发

茶叶标准化有利于科学合理地开发茶叶产品品种，提高茶叶企业发展的应变能力，迅速把握市场信息和规律，及时调整茶叶产品结构，更好地满足社会需求。

7. 茶叶标准化是提高茶叶产品质量最安全的有力保障

茶叶标准化有利于稳定提高茶叶产品质量，促进茶叶企业走质量发展道路，增强茶叶企业素质，提高茶叶企业竞争力；维护生命健康，保护生态环境，合理利用资源；维护消费者权益。茶叶产品标准是衡量产品质量优劣的直接依据，严格按照标准进行生产，按照标准进行检验、包装、运输和贮存，产品质量就能得到保证。标准的水平标志着产品质量水平，没有以技术手段做后盾的高水平标准，就没有高质量的产品。

8. 茶叶标准化是推动贸易发展的桥梁和纽带

茶叶标准化可以增强世界各国之间的相互沟通和理解，破除技术壁垒，促进科学、技术、文化的交流与合作。当今世界已经被高度发达的信息和贸易联成一体，贸易全球化、市场一体化的趋势势不可挡，茶产业真正能够在一个国家或地区之间起到联结作用的桥梁和纽带就是茶叶相关标准。只有全球认同并按相同标准组织茶叶生产和贸易，市场行为才能够在更大的范围和更广阔的领域发挥应有的作用，实现全世界对好的茶叶产品的分享。

第二章

茶树栽培品种与高效繁殖技术

第一节　中国主要茶树栽培品种

一、品种的定义

品种是指适应一定的环境条件和栽培技术条件下的一个群体，这个群体具有相对一致的生物学特性、形态特征和繁殖相对稳定的特性，并且在实践中证明能获得丰富且稳定的产量和优良品质，同时具有一定的栽培面积。品种一般作为重要的生产资料被加以利用。品种按来源可分为农家品种、群体品种、育成品种。

农家品种又称地方品种，是指在一定的自然条件下，经过长期自然选择和人工选择而形成的品种，对当地条件具有广泛的适应能力，在改良之前是较混杂的群体。

群体品种是指未改良的农家品种，以及有性繁殖系未经分离的品种。在同一品种内，包含有某些性状不一致的各类型，其遗传性比较复杂，个体间差异较大。

育成品种又称改良品种，指应用科学的育种方法选育出来且在生产上已有一定成效的新品种。

品种按繁殖方法可分为无性繁殖品种和有性繁殖品种。无性繁殖品种指最初起源于同一植株的营养器官，通过无性繁殖方法所产生的一群相近的后代。有性繁殖品种是指通过种子繁殖的后代。

二、茶树优良品种在生产上的重要作用

茶树良种是指在一定区域的气候、地理条件和栽培、采制制度下，具有较强的适应性、抗逆性和适制性，能够获得优质高产的品种。优良的茶树品种具有发芽密、芽叶重、茸毛多；芽叶生长快、采摘期早、新梢生长期长、发芽整齐；叶片大、叶质柔软、富有光泽、呈水平或下垂状着生；茶蓬高大、分枝适中；抗寒、抗旱和抗病虫能力强等特点。

长期的生产实践和系统的科学研究已经证明，在茶叶生产中利用茶树优良品种具有以下几个方面的重要作用。

1. 增加单产

单产是指在一定时期内单位土地面积上所产出茶青的数量。即使在相同的自然条件和栽培条件下，茶树品种不同，其茶青产量也可能差异很大。茶树良种可比一般品种增产 15%以上，有的甚至高达 50%。

2. 提高品质

茶叶作为饮料，其品质好坏至关重要。成品茶品质主要是色、香、味、形 4 个方面，决定品质的关键因子是品种的基因。

不同的茶树品种芽叶的形态和生化成分差异很大。从外形来看，不同的茶类要求芽叶的外形不同，有的要求芽叶细小，有的要求芽叶节间短，有的要求芽叶茸毛多，等等。从芽叶内质色、香、味来看，其主要取决于芽叶中的色素、多酚类、咖啡碱、氨基酸、芳香物质的含量。

3. 增强抗性

茶树是多年生植物，一生要经历很长的时期，会遇到各种不良环境条件，最经济有效的措施莫过于选用抗性强的品种，抗性的强弱主要取决于茶树的遗传特性。因此，可以根据各地的生境条件选用推广抗性强的茶树良种，减轻或避免各种不良环境或病虫害对茶树的影响，发挥良种的积极作用。

4. 抑制采制“洪峰”

在一些茶园面积较大的地区，由于茶树新梢生长的集中性，往往出现采制“洪峰”现象，结果造成来不及采摘或采摘下后来不及加工，以致鲜叶劣变，给生产带来很大损失。因此，可选用萌芽期不同的品种进行合理搭配，可有效抑制采制“洪峰”。

5. 提高采茶效率

不同品种茶树的发芽密度、整齐度和芽叶大小也各不相同。可选用带叶肥壮、发芽整齐的品种来提高采茶效率。许多新育成的茶树良种均具有发芽整齐、再生能力强、新梢生长势旺、正常芽叶比重大的优点，选用这样的品种有利于提高采摘的效率，也有利于进行机械化采摘。

三、中国茶树品种分布、分类及数量

1. 茶树品种分布

茶树在世世代代的繁衍和广泛的传播过程中经受了多种多样的生态条件和生产条件的长期影响，以及人工驯化和选择的作用，逐渐形成了十分丰富的品种资源。茶树选种活动在古时就已开始。据记载，晋武帝在位时（公元265～290年），就有安徽宣城人秦精在今湖北鄂州市武昌山采集大叶种茶树。唐代陆羽《茶经》、宋代宋子安《东溪试茶录》、宋徽宗《大观茶论》等书中都有关于茶树选种和茶树品种性状的记述，流传着许多古人发现、驯化、利用野生茶树的逸事和传说。随着生产的发展和茶类的创新，以及人们的辛勤培育，茶树品种更是层出不穷。

目前我国已发掘的茶树地方品种或类型约有 500 个。近 20 年来，全国各有关单位选育出的茶树新品种、品系，据不完全统计也有 100 余个。西南、东南茶区还蕴藏着许多性状奇特的野生大茶树和茶种的近缘植物。通过调查、整理和初步研究，相关部门基本上掌握了我国主要茶树品种资源的分布情况，对主要茶树栽培品种的性状和特性也有了基本的了解。在已有性状资料的茶树品种中，如果按树型分类，灌木型品种占 74%，小乔木型品种占 10%，乔木型品种占 16%；如果按叶片大小分类，特大叶类品种占 13%，大叶类品种占 25%，中叶类品种占 44%，小叶类品种占 18%。

我国茶区主要分布于北纬 33° 以南、东经 98° 以东，在这个大约 280 万 km^2 的近似长方形地带中由西南往东北，茶树品种的分布趋势为由高大的乔木逐渐演变为灌木，植株矮化，叶片渐小而厚，栅栏组织加厚，抗性增强，多酚类物质含量渐减。在云南、贵州、四川一带，早期从野生茶树驯化为栽培种的一些古老类型仍然保持着乔木性状和特性。除了受生态条件影响之外，茶树品种分布与其栽培利用方式也有关系。

2. 茶树品种分类

根据我国茶树品种主要性状和特性的研究，并考虑到现行品种分类的习惯，我们将茶树品种按树型、叶片大小和发芽早晚 3 个主要性状划分为 3 个分类等级。作为茶树品种分类系统，各级分类标准如下。

（1）第一级分类系统称为“型”。分类性状为树型，主要根据自然生长情况下植株的高度和分枝习性可以把茶树划分为乔木型、小乔木型、灌木型 3 种（图 2-1）。

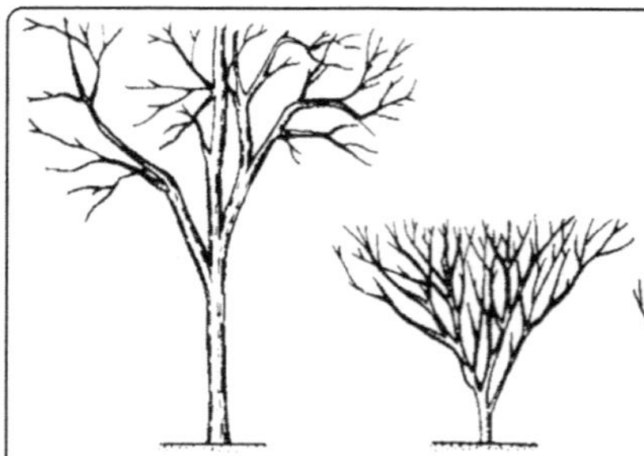

图 2-1　茶树树型分类图

① 乔木型。乔木型茶树是较原始的茶树类型，分布于和茶树原产地自然条件较接近的自然区域，即我国热带或亚热带地区。乔木型茶树植株高大，从植株基部到上部均有明显的主干，呈总状分枝，分枝部位高，枝叶稀疏。叶片大，叶长为 10～26cm，多数品种叶长在 14cm 以上，叶片栅栏组织多为 1 层。

② 小乔木型。小乔木型茶树属于进化类型，其抗逆性比乔木型强，分布于亚热带或热带茶区。小乔木型茶树植株较高大，从植株基部至中部主干明显，植株上部主干不明显。分枝较稀，大多数品种叶片长度为 10～14cm，叶片栅栏组织多为两层。

③ 灌木型。灌木型茶树也属于进化类型，其包括的品种最多，主要分布于亚热带茶区，在我国大多数茶区均有分布。灌木型茶树植株低矮，无明显主干，从植株基部分枝，分枝密，叶片较小，叶长一般为 2.2～14cm，大多数品种叶片长度在 10cm 以下，叶片栅栏组织 2～3 层。

（2）第二级分类系统称为“类”。分类性状为叶片大小，根据成熟叶片长度和宽度可以把茶树划分为特大叶类、大叶类、中叶类和小叶类。

① 特大叶类：叶长≥14cm，叶宽≥5cm，叶面积≥$60cm^2$。

② 大叶类：10cm≤叶长＜14cm，4cm≤叶宽＜5cm，$40cm^2$≤叶面积＜$60cm^2$。

③ 中叶类：7cm≤叶长＜10cm，3cm≤叶宽＜4cm，$20cm^2$≤叶面积＜$40cm^2$。

④ 小叶类：叶长＜7cm，叶宽＜3cm，叶面积＜$20cm^2$。

（3）第三级分类系统称为“种”。这里的“种”是指品种或品系，不同于植物分类学上的种，此处系借用习惯上的称谓。分类性状为发芽时期，根据头轮营养芽，即越冬营养芽开采期（通常指一芽三叶开展盛期）所需的活动积温可以把茶树划分为早芽种、中芽种和迟芽种。根据编者对全国主要茶树品种营养芽物候学的观察结果，可将第三级分类系统做如下划分。

① 早芽种：发芽期早，头轮营养芽开采期活动积温在400℃以下。

② 中芽种：发芽期中等，头轮营养芽开采期活动积温为400～500℃。

③ 迟芽种：发芽期迟，头轮营养芽开采期活动积温在500℃以上。

3. 茶树品种数量

中国是茶树的原产地，茶树资源丰富，拥有世界上遗传多样性最丰富的茶树种质资源。据不完全统计，我国现有种植的茶树品种600多个，其中种植面积较大的有250多个。1984年11月，全国茶树良种审定委员会对各区上报的茶树地方良种进行了审定，认定鸠坑种、祁门种、黄山种、云台山种、勐库大叶种、勐海大叶种、凤庆大叶种、湄潭苔茶、早白尖、宁州种、宜昌大叶种、凤凰水仙、乐昌白毛茶、海南大叶种、凌云白毛茶、宜兴种、紫阳种、福鼎大白茶、政和大白茶、毛蟹、铁观音、梅占、黄旦、大叶乌龙、福鼎大毫茶、福建水仙、福安大白茶、本山、上梅洲种、上饶大面白30个地方良种作为全国第一批认定的茶树良种。

1987年1月，全国茶树良种审定委员会对各区上报的新育成品种进行了审定，公布了黔湄 419 号、黔湄 502 号、福云 6 号、福云 7 号、福云 10 号、槠叶齐、龙井 43 号、安徽 1 号、安徽 3 号、安徽 7 号、迎霜、翠峰、劲峰、碧云、浙农 12 号、蜀永 1 号、英红 1 号、蜀永 2 号、宁州 2 号、云抗 10 号、云抗 14 号、菊花春共 22 个全国第二批认定的茶树良种。

1995 年 5 月，中国农作物品种审定委员会茶树专业委员会又一次对上报的新育成品种进行审定，公布了桂红 3 号、桂红 4 号、杨树林 783 号、皖农 95 号、锡茶 5 号、锡茶 11 号、寒绿、龙井长叶、浙农 113 号、青峰、信阳 10 号、八仙茶、黔湄 601 号、黔湄 701 号、高芽齐、槠叶齐 12 号、白毫早、蜀永 703 号、蜀永 808 号、蜀永 307 号、蜀永 401 号、蜀永 3 号、蜀永 906 号等一批茶树良种。

四、中国栽培的主要茶树品种

我国茶区辽阔，品种资源极为丰富。据不完全统计，中国目前栽培的茶树品种有 600 多个。其中，中国农作物品种审定委员会茶树专业委员会审（认）定的茶树良种有 76 个，它们多数为新育成品种，少数为农家品种。有关部门的调查数据表明，目前我国栽培的主要茶树品种有鸠坑种、祁门种、黄山种、云台山种、勐库大叶种、勐海大叶种、凤庆大叶种、湄潭苔茶、早白尖、宁州种、宜昌大叶种、乐昌白毛茶、海南大叶种、凌云白毛茶、宜兴种、紫阳种、福鼎大白茶、政和大白茶、毛蟹、铁观音、梅占、黄旦、大叶乌龙、福鼎大毫茶、福建水仙、福安大白茶、本山、上海州种、上饶大面白等 70 多个国家级良种。

五、中国栽培的主要茶树品种特征

1. 祁门种

祁门种又名祁门槠叶种，原产于安徽省祁门县，现今各茶区均有栽培。为有性繁殖系，属灌木型、中叶类、中生种。适制红茶和绿茶，所制红茶条索紧细，色泽乌润，回味隽永，有果香味，是制作祁门红茶的当家品种；所制绿茶滋味鲜醇，香气高爽。适宜在长江南北红、绿茶区种植推广。

2. 黄山种

黄山种原产于安徽省黄山市黄山一带，现在山东省有较大面积种植。为有性繁殖系，属灌木型、中叶类、中生种。适制绿茶，所制黄山毛峰，白毫显露，色泽翠绿，香气清鲜。抗寒性较强，适宜在长江以北茶区种植推广。

3. 安徽 1 号

安徽 1 号为无性繁殖系[10]，属灌木型、大叶类、中生种。江苏、江西、河南等省均有引种。适制红茶和绿茶。所制红茶香高味浓；所制绿茶滋味醇厚，香气清高。适宜在长江南北红、绿茶兼制区种植推广。

4. 安徽 3 号

安徽 3 号为无性繁殖系[10]，属灌木型、大叶类、中生种。江西、河南等省均有引种。适制红茶和绿茶。所制工夫红茶具有祁门红茶风格；所制绿茶醇厚爽口，富含嫩香。适宜在长江南北红、绿茶兼制区种植推广。

5. 安徽 7 号

安徽 7 号为无性繁殖系[10]，属灌木型、中叶类、中生种。江西、河南等省均有引种。适制红茶，所制红茶条索紧细，绿润显毫，有兰花香且滋味鲜醇。适宜在长江南北绿茶产区种植推广。

6. 皖农 95 号

皖农 95 号为无性繁殖系[10]，属灌木型、中叶类、早生种。湖南、浙江等省均有引种。适制红茶或绿茶，所制茶品质俱优。适宜在江南红、绿茶兼制区种植推广。

7. 杨树林 783 号

杨树林 783 号为无性繁殖系[10]，属灌木型、大叶类、中生种。福建、四川等省均有引种。适制绿茶和红茶。所制绿茶香高味爽；所制红茶香郁味浓。适宜在江南茶区种植推广。

8. 福鼎大白茶

福鼎大白茶又名福鼎白毫，原产自福建省福鼎市柏柳村，在浙江、湖南、湖北、江西、江苏、安徽等省均有引种。为无性繁殖系[10]，属小乔木型、中叶类、早生种。适制绿茶、红茶和白茶。所制绿茶品质优良，有板栗香。若制成毛峰类名茶品质更佳；所制红茶品质亦佳，有甜香；所制白茶品质优良。适宜在长江以南绿茶或白茶产区种植推广。

9. 福鼎大毫茶

福鼎大毫茶原产自福建省福鼎市汪家洋村，该品种除在福建推广外，在江苏、浙江、江西、四川、湖北等省均有引种。为无性繁殖系[10]，属小乔木型、大叶类、早生种。适制红茶、绿茶和白茶，所制茶品质俱优。适宜于在长江以南红茶、绿茶或白茶产区种植推广。

10. 福安大白茶

福安大白茶又名高岭大白茶，原产于福建省福安市穆阳镇高岭村，主要分布于福建的闽东产茶区。为无性繁殖系[10]，属半乔木型、大叶类、早芽种。现今，广西、四川、湖南、浙江、贵州、湖北、江苏、安徽、江西等省份均有种植。适制红茶、白茶和绿茶。所制红茶香高味浓，色泽乌润；所制白茶芽壮毫显，品质优异；所制绿茶品质也属上乘。适宜在长江以南茶区种植推广。

11. 政和大白茶

政和大白茶简称政大，原产于福建省政和县铁山镇。为无性繁殖系[10]，属小乔木型、大叶类、晚生种。在福建闽北种植较多。现今，浙江、安徽、江西、江苏、湖南、四川、广东等省也有引种。适制红茶和白茶。所制红茶品质与滇红工夫茶相近，香高味浓，条索壮；所制白茶色泽鲜白带黄，香气清鲜，滋味醇甜。适宜在长江以南红茶和白茶产区种植推广。

12. 毛蟹

毛蟹又名茗花，原产于福建安溪县大坪乡福美村，主要分布在福建产茶区，在广东、江西、湖南、湖北、浙江等省份也有引种。为无性繁殖系[10]，属灌木型、中叶类、中生种。适制青茶、红茶或绿茶，所制茶品质优良。适宜在长江以南的青茶、红茶或绿茶产区种植推广。

13. 梅占

梅占又名大叶梅占，原产自福建安溪县芦田镇三洋村，主要分布在福建茶区，在广东、江西、安徽、浙江、广西、湖南、湖北等省也有引种。为无性繁殖系[10]，属小乔木型、中叶类、中生种。适制红茶、绿茶，也可制青茶，所制茶品质俱优。适宜在长江以南茶产区种植推广。

14. 铁观音

铁观音又名红心观音、红样观音，原产自福建省安溪县西坪镇松岩村，主要分布于福建茶区，在广东省青茶产区也有引种。为无性繁殖系[10]，属灌木型、中叶类、晚生种。适制青茶，所制青茶品质特优，滋味醇厚甘鲜，回韵悠长，香气高强，具有观音韵味。适宜在长江以南青茶产区种植推广。

15. 黄旦

黄旦又名黄金桂，原产自福建省安溪县虎邱镇罗岩村，主要分布在福建省的青茶产区，现今，在广东、江西、浙江等省也有引种。为无性繁殖系，属小乔木型、中叶类、早生种。适制青茶，所制青茶香气特高，滋味回甘，有“透天香”之称。此外，也可制成绿茶或红茶，品质俱优。适宜在长江以南青茶产区种植推广。

16. 福建水仙

福建水仙又名水吉水仙、武夷水仙。原产自福建省南平市建阳区小湖镇大湖村，在福建茶区都有栽培。此外，广东的饶平、台湾的新竹和台北、浙江的龙泉等地也有栽培。为无性繁殖系[10]，属小乔木型、大叶类、晚生种。适制青茶、红茶和白茶。所制青茶是制作闽北青茶的当家品种。所制红茶香气高；所制白茶，品质亦佳。适宜在长江以南青茶、红茶、白茶等产区种植推广。

17. 本山茶

本山茶有长叶本山茶和圆叶本山茶之分，原产自福建省安溪县西坪镇尧阳一带，现主要分布在福建省的中部和南部的青茶产区。为无性繁殖系[10]，属灌木型、中叶类、晚生种。适制青茶，所制青茶有铁观音香，滋味浓厚，色似香蕉，汤色金黄。适宜在长江以南青茶产区种植推广。

18. 大叶乌龙

大叶乌龙又名大脚乌、大叶乌，原产自福建省安溪县长坑和蓝田一带，在福建茶区均有栽培，在广东、江西等地也有引种。为无性繁殖系[10]，属灌木型、中叶类、中生种。所制青茶，香高持久，滋味浓醇。所制绿茶，品质也较好。适宜在长江以南青茶产区种植推广。

19. 福云 6 号

福云 6 号为无性繁殖系[10]，属小乔木型、大叶类、特早生种。由福鼎大白茶与云南大叶种自然杂交后代经系统选育而成。在福建茶区有大面积种植，在浙江、安徽、广西、湖南、湖北、江苏、贵州、江西等地也有较多种植。适制红茶和绿茶。所制红茶条索细，显毫，色泽乌润，汤色红亮；所制绿茶有峰苗，汤色晶莹，香高味浓，是制作毛峰类名茶的好原料。适宜在长江以南红茶、绿茶产区种植推广。

20. 福云 7 号

福云 7 号由福鼎大白茶与云南大叶种自然杂交后代经系统选育而成。为无性繁殖系[10]，属小乔木型、大叶类、中生种。目前，福建各茶区均有栽培，在浙江、湖南、贵州、四川等省也有引种。适制红茶和绿茶。所制工夫红茶条索壮实，色泽乌润，汤色红艳，有滇红工夫茶风格；所制烘青绿茶条索壮实显毫，汤色黄绿明亮。适宜在南部地区的红茶、绿茶产区种植推广。

21. 福云 10 号

福云 10 号由福鼎大白茶与云南大叶种自然杂交后代经系统选育而成。为无性繁殖系[10]，属小乔木型、中叶类、早生种。目前在福建产茶区大面积种植，湖南、四川、浙江、贵州、云南等地也有引种。适制红茶和绿茶。所制工夫红茶色泽乌润显毫，滋味浓醇，汤色红亮；所制烘青绿茶白毫显露，滋味甘醇，汤色绿中带黄，香气馥郁。适宜在中南和西南地区的红茶或绿茶产区种植推广。

22. 八仙茶

八仙茶原产自福建省诏安县秀篆镇八仙山附近。为无性繁殖系[10]，属小乔木型、大叶类、早生种。目前在福建茶区种植较广。适制青茶、红茶和绿茶。所制青茶香气高锐，滋味浓郁，品质上乘；所制红茶和绿茶品质俱优。适宜在南方青茶、红茶和绿茶产区种植推广。

23. 凤凰水仙

凤凰水仙又名饶平水仙、广东水仙，原产自广东省潮州市潮安区凤凰山，现今，湖南、浙江、江西等地也有引种。为有性繁殖系[10]，属小乔木型、大叶类、早生种。适制青茶和红茶。所制青茶滋味浓郁，汤色金黄，香气高锐，品质上乘；所制红茶香高味浓，汤色红艳，品质亦属上乘。适宜在华南、华中地区的青茶、红茶产区种植推广。

24. 乐昌白毛茶

乐昌白毛茶原产自广东省乐昌市，目前在广东的不少产茶县均有种植。为有性繁殖系，属乔木型、大叶类、早生种。适制红茶和绿茶。所制红茶，滋味浓厚，茶汤冷后呈“乳汤”状，即“冷后浑”；所制绿茶密披白毫，品质优良。适宜在长江以南红茶、绿茶产区种植推广。

25. 英红 1 号

英红 1 号为无性繁殖系[10]，属乔木型、大叶类、早生种。除在广东茶区种植外，福建、湖南等地也有引种。适制红碎茶，所制茶色泽褐红，香气高锐，滋味浓爽，汤色红艳。英红 1 号抗寒性不强，适宜在华南地区的红茶产区种植推广。

26. 凌云白毛茶

凌云白毛茶又名凌乐白毛茶，原产自广西壮族自治区凌云、乐业、田林、百色等地。除在广西分布较广外，滇东地区也有引种。为有性繁殖系，属小乔木型、大叶类、中生种。适制红茶和绿茶。所制红碎茶粒润显毫，滋味浓强，有花香味；所制毛尖绿茶白毫满披，形似银针，滋味甘醇，有板栗香。所制凌云白毫为广西名绿茶新秀。适宜在桂西、滇东地区红茶、绿茶产区种植推广。

27. 桂红 3 号

桂红 3 号为无性繁殖系[10]，属小乔木型、大叶类、晚生种。除广西有种植外，广东、福建也有引种。适制红碎茶，所制茶滋味浓强，有特殊香气。适宜在华南红茶产区种植推广。

28. 桂红 4 号

桂红 4 号为无性繁殖系[10]，属小乔木型、大叶类、晚生种。除广西有种植外，广东、福建也有引种。适制红碎茶和青茶。所制红碎茶滋味浓强，有花香；所制青茶品质亦优。适宜在华南地区的红茶产区种植推广。

29. 湄潭苔茶

湄潭苔茶又名苔子茶，原产自贵州省湄潭县，除贵州有种植外，四川、安徽、浙江、湖南、陕西等地也有引种。为有性繁殖系，属灌木型、中叶类、中生种。适制绿茶，所制绿茶滋味醇爽。适宜在贵州及江南茶区种植推广。

30. 黔湄 419 号

黔湄 419 号又名抗春迟，主要种植在贵州茶区。为无性繁殖系[10]，属小乔木型、大叶类、晚生种。适制红茶，所制红茶汤色红艳，香气持久，滋味浓厚。适宜在西南地区的红茶产区种植推广。

31. 黔湄 502 号

黔湄 502 号又名南北红，主要种植在贵州茶区，四川茶区也有少量种植。为无性繁殖系[10]，属小乔木型、大叶类、中生种。适制红茶和绿茶。所制红茶香气持久，滋味鲜爽，汤色红浓；所制绿茶芽毫显露，滋味浓厚，香气清新。适宜在西南地区的红茶、绿茶产区种植推广。

32. 黔湄 601 号

黔湄 601 号为无性繁殖系[10]，属小乔木型、大叶类、中生种。除在贵州茶区种植外，四川、广西等地也有引种。适制红碎茶，所制红碎茶外形显毫，滋味浓强，品质优良。适宜在西南地区的红茶产区种植推广。

33. 黔湄 701 号

黔湄 701 号为无性繁殖系[10]，属小乔木型、大叶类、中生种。除在贵州茶区种植外，广西、四川也有引种。适制红碎茶，所制红碎茶嫩香持久，浓强鲜爽。适宜在西南地区的红茶产区种植推广。

34. 海南大叶种

海南大叶种原产自海南省五指山一带，主要分布在海南茶区。为有性繁殖系，属乔木型、大叶类、早生种。适制红碎茶，所制红碎茶滋味浓强，持久显毫。适宜在海南红茶产区种植推广。

35. 信阳 10 号

信阳 10 号为无性繁殖系[10]，属灌木型、中叶类、中生种。除在河南茶区种植外，湖南、湖北也有少量种植。适制绿茶，尤适制毛尖类名绿茶，所制绿茶外形紧细，香气高锐，味鲜爽口。信阳 10 号抗寒性强，适宜在长江以北，以及高海拔绿茶产区种植推广。

36. 宜昌大叶种

宜昌大叶种为有性繁殖系，属小乔木型、大叶类、中生种。原产自湖北省宜昌市长江西陵峡两侧，是湖北省西部茶区的主要栽培品种。适制红茶和绿茶。所制宜红工夫红茶金黄毫多，滋味浓厚，汤色红艳；所制邓村云雾绿茶白毫显露，色泽绿润，浓醇爽口，栗香持久。适宜在湖北省的红茶、绿茶产区种植推广。

37. 云台山种

云台山种又名云台山大叶种、安化种。原产自湖南省安化县，目前全国已有 10 多个产茶省份引种。为有性繁殖系，属灌木型、中叶类、中生种。适制工夫红茶和绿茶，所制茶品质俱优。云台山种抗寒性较强，适宜在长江南北红茶、绿茶产区种植推广。

38. 槠叶齐

槠叶齐为无性繁殖系[10]，属灌木型、中叶类、中生种。除在湖南茶区有种植外，安徽、湖北等省产茶区也有引种。适制红茶和绿茶。所制红茶，条紧色润，香气纯正持久；所制绿茶银毫显露，色泽翠润，香高味醇，是制作名优绿茶高桥银峰的当家品种。适宜在江南茶区红茶、绿茶产区种植推广。

39. 槠叶齐 12 号

槠叶齐 12 号为无性繁殖系[10]，属灌木型、中叶类、中生种。除在湖南茶区有种植外，安徽、河南、湖北等省也有引种。适制红茶和绿茶。所制红碎茶品质上乘；所制绿茶有板栗香。适宜在江北茶区和江南茶区的红茶、绿茶产区种植推广。

40. 高芽齐

高芽齐又名槠叶齐 9 号，除在湖南茶区有种植外，河南、湖北、安徽等省的茶区也有引种。为无性繁殖系[10]，属灌木型、大叶类、中生种。适制红茶和绿茶，所制茶无论是外形，还是内质，均属优良。高芽齐抗寒性强，可在江北茶区和江南茶区的红茶、绿茶产区种植推广。

41. 尖波黄 13 号

尖波黄 13 号为无性繁殖系[10]，属灌木型、中叶类、中生种。除在湖南茶区有种植外，湖北、河南、安徽等产茶区也有引种。适制红茶和绿茶，所制茶品质俱优。适宜在江北茶区和江南茶区的红茶、绿茶产区种植推广。

42. 宜兴种

宜兴种原产自江苏省宜兴市，目前主要分布在苏南地区的产茶区。为有性繁殖系，属灌木型、小叶类、中生种。适制绿茶，所制绿茶品质较优。宜兴种抗寒性强，适应性广，适宜在江北茶区和江南茶区的绿茶产区种植推广。

43. 锡茶 5 号

锡茶 5 号为无性繁殖系[10]，属灌木型、大叶类、中生种。除苏南茶区有种植外，安徽、湖南等产茶区也有少量栽培。适制绿茶，所制绿茶滋味醇爽，香气鲜纯，是名绿茶无锡毫茶的当家品种。适宜在江南茶区的绿茶产区种植推广。

44. 锡茶 11 号

锡茶 11 号为无性繁殖系[10]，属小乔木型、中叶类、中生种。除苏南茶区有种植外，安徽、湖南等省的茶区也有引种。适制红茶和绿茶。所制红茶色泽油润，滋味浓鲜；所制绿茶香气鲜郁，条紧显毫。适宜在江南茶区的红茶、绿茶产区种植推广。

45. 宁州种

宁州种原产自江西省修水县，目前主要分布在江西茶区。为有性繁殖系，属灌木型、中叶类、中生种。适制红茶和绿茶。所制红茶是制作宁红茶的当家品种，条索紧结有毫，味醇、香郁；所制绿茶，香、味均佳。适宜在江南茶区的红茶、绿茶产区种植推广。

46. 大面白

大面白原产自江西省上饶县上泸乡洪水坑，目前除江西茶区有种植外，安徽、湖南、浙江等产茶区也有栽培。为无性繁殖系[10]，属灌木型、大叶类、早生种。适制绿茶，品质优良。所制的名优绿茶上饶白眉、仙台大白条壮显毫，香气清鲜，滋味醇甘。适宜在江西绿茶产区种植推广。

47. 上梅洲种

上梅洲种原产自江西省婺源县上梅洲村，目前除江西茶区有种植外，湖南、浙江等省茶区也有引种。为无性繁殖系[10]，属灌木型、大叶类、早生种。适制绿茶，所制绿茶香高味浓，耐冲泡，是制作名绿茶婺源茗眉的优质原料。适宜在江西绿茶产区种植推广。

48. 宁州2号

宁州2号为无性繁殖系[10]，属灌木型、中叶类、中生种。目前主要分布在江西茶区。适制绿茶和红茶。所制绿茶香清味纯；所制红茶香浓味甘。宁州2号抗寒性强，适宜在江西绿茶、红茶产区种植推广。

49. 紫阳种

紫阳种原产自陕西省紫阳县，目前主要分布在陕南茶区。为有性繁殖系，属灌木型、中叶类、中生种。适制绿茶，所制绿茶品质优良。也是制作名绿茶紫阳毛尖和秦巴雾毫的优质原料。适宜在江北的绿茶产区种植推广。

50. 早白尖

早白尖又名早白巅，原产自四川省筠连县，目前主要分布在四川茶区，浙江、福建、湖南等省茶区也有引种。为有性繁殖系，属灌木型、中叶类、早生种。适制红茶和绿茶。所制川红工夫红茶外形秀丽显毫，汤色红艳，香气清纯；所制绿茶外形和内质俱优。适宜在四川红茶、绿茶产区种植推广。

51. 蜀永1号

蜀永1号为无性繁殖系[10]，属小乔木型、中叶类、中生种。目前主要分布在四川茶区，广西、湖南、贵州等产茶区也有少量引种。适制红茶，所制红碎茶浓香持久，滋味甘鲜，汤色红艳，品质上乘。适宜在西南地区红茶产区种植推广。

52. 蜀永 2 号

蜀永 2 号为无性繁殖系[10]，属小乔木型、大叶类、中生种。目前主要分布在四川茶区，湖南、广西、贵州等产茶区也有少量引种。适制红茶，所制红碎茶香气浓而持久、滋味浓酽而爽、汤色红艳明亮。适宜在西南地区红茶产区种植推广。

53. 蜀永 3 号

蜀永 3 号为无性繁殖系[10]，属小乔木型、大叶类、早生种。目前除四川茶区有种植外，贵州、广西等产茶区也有少量引种。适制红茶，所制红碎茶滋味强爽，品质优良。适宜在西南、华南地区的红茶产区种植推广。

54. 蜀永 307 号

蜀永 307 号为无性繁殖系[10]，属小乔木型、大叶类、中生种。目前主要分布在四川茶区，贵州、广西等产茶区也有少量引种。适制红茶和绿茶，所制茶外形、内质俱优。蜀永 307 号抗寒性较弱，适宜在西南地区的红茶、绿茶产区种植推广。

55. 蜀永 401 号

蜀永 401 号为无性繁殖系[10]，属小乔木型、大叶类、中生种。目前主要分布在四川茶区，贵州、广西等产茶区也有少量引种。适制绿茶和红茶。所制绿茶有嫩栗香；所制红碎茶品质优良。适宜在西南茶区、华南茶区的绿茶、红茶产区种植推广。

56. 蜀永 703 号

蜀永 703 号为无性繁殖系[10]，属小乔木型、大叶类、早生种。目前主要分布在四川茶区，贵州、广西等产茶区也有少量引种。适制红茶和绿茶。所制红碎茶滋味浓爽，品质优良；所制绿茶品质亦属上乘。适宜在华南茶区、西南茶区的红茶、绿茶产区种植推广。

57. 蜀永808号

蜀永808号为无性繁殖系[10]，属小乔木型、大叶类、晚生种。目前主要分布在四川茶区，贵州、广西等产茶区也有少量引种。适制红茶和绿茶，香气高锐，品质上乘。适宜在西南茶区、华南茶区的红茶、绿茶产区种植推广。

58. 蜀永906号

蜀永906号为无性繁殖系[10]，属小乔木型、中叶类、中生种。目前主要分布在四川茶区，贵州、广西等产茶区也有少量引种。适制红茶和绿茶。所制红茶，品质上乘；所制绿茶，滋味醇厚，品质亦佳。适宜在华南茶区、西南茶区的红茶、绿茶产区种植推广。

59. 勐库大叶种

勐库大叶种原产自云南省双江拉祜族佤族布朗族傣族自治县勐库镇。目前主要分布在滇南、滇西茶区，广东、广西、海南等产茶区也有大面积引种。为有性繁殖系，属乔木型、大叶类、早生种。适制红茶。所制红条茶金毫满披，汤色红艳，香气清醇，滋味浓酽，汤色浓艳。勐库大叶种还是制作滇绿茶和普洱茶的上好原料。勐库大叶种抗寒性弱，适宜在滇南和华南地区红茶产区种植推广，并注意防冻。

60. 凤庆大叶茶

凤庆大叶茶原产自云南省凤庆县大寺、凤山等地。目前主要分布在滇西茶区，广东、广西、四川、福建等产茶区也有大面积引种。为有性繁殖系，属乔木型、大叶类、早生种。适制红茶和绿茶。所制工夫红茶芽毫显露，香气高久，滋味酽醇；所制滇绿茶满披白毫，滋味浓甘，耐冲泡。该树种抗寒性弱，适宜在西南茶区、华南茶区的红茶、绿茶产区种植推广，并注意防冻。

61. 勐海大叶种

勐海大叶种原产自云南省勐海县格朗和哈尼族乡南糯山村。目前主要分布在滇南茶区，现广东、广西、海南等产茶区也有引种。为有性繁殖系，属乔木型、大叶类、早生种。适制红茶和绿茶。所制红碎茶颗粒乌润显金毫，滋味浓强，汤色红浓；所制滇绿茶是名绿茶南糯白毫的当家品种，具有满披白毫、香气馥郁、滋味浓甘的特点。勐海大叶种抗寒性弱，适宜在西南茶区、华南茶区的红茶、绿茶产区种植推广，并注意防冻。

62. 云抗 10 号

云抗 10 号为无性繁殖系[10]，属乔木型、大叶类、早生种。现已在云南茶区推广种植。适制红茶和绿茶。所制红碎茶香气持久，有兰花香，滋味浓鲜；所制滇绿茶白毫显露，滋味浓厚。云抗 10 号抗寒性弱，适宜在广东、广西、海南等茶区的红茶、绿茶产区种植推广，并注意防冻。

63. 云抗 14 号

云抗 14 号为无性繁殖系[10]，属乔木型、大叶类、中生种。现已在云南茶区推广种植。适制红碎茶、绿茶和普洱茶，所制茶无论内质还是外形均属上乘。云抗 14 号抗寒性弱，适宜在云南、广东、广西、海南等茶区的红茶、绿茶产区种植推广，并注意防冻。

64. 鸠坑种

鸠坑种为有性繁殖系，属灌木型、中叶类、中生种。原产自浙江省淳安县鸠坑乡，目前主要分布在浙西茶区，除浙江外，湖南、江苏、云南、安徽、甘肃、四川、湖北等产茶区均已引种。适制绿茶，所制绿茶外形细紧，色泽油润，香气高鲜，滋味鲜浓，也是名优绿茶淳安毛尖的当家品种。适宜在江南茶区、江北茶区的绿茶产区种植推广。

65. 龙井 43 号

龙井 43 号为无性繁殖系[10]，属灌木型、中叶类、特早生种。现已在浙江、江苏、安徽、江西、湖北等 14 个产茶省种植。适制绿茶，所制西湖龙井外形扁平光直，色泽嫩绿，清香持久，滋味鲜爽，汤色清绿。适宜在江北茶区、江南茶区的绿茶产区种植推广。

66. 龙井长叶

龙井长叶为无性繁殖系[10]，属灌木型、中叶类、早生种。除浙江外，现已在安徽、河南、江苏等产茶区种植。适制绿茶，所制绿茶香高味醇，品质优良，也是制作“西湖龙井”的上乘原料。适宜在江北茶区、江南茶区的绿茶产区种植推广。

67. 寒绿

寒绿为无性繁殖系[10]，属灌木型、中叶类、早生种，它是由格鲁吉亚 8 号后代中选出后经系统育种而成。适制绿茶，所制绿茶品质优良。适宜在江南茶区的绿茶产区种植推广。江北茶区也可种植推广，但要注意苗期防冻。

68. 菊花春

菊花春为无性繁殖系[10]，属灌木型、中叶类、早生种。它是由云南大叶种与平阳群体种的自然杂交后代经系统选育而成。已在浙江、江苏、安徽、四川、江西等产茶区种植。适合制红茶和绿茶，所制红茶、绿茶品质均属上乘。适宜在江南茶区的红茶、绿茶产区种植推广。

69. 碧云

碧云为无性繁殖系[10]，属小乔木型、中叶类、中生种。它由平阳群体种和云南大叶种的自然杂交后代经系统选育而成。已在浙江、湖南、安徽、江西、江苏等产茶区种植。适制绿茶，尤适制毛峰类绿茶。所制绿茶条索紧细、色泽翠绿、香气高爽、滋味鲜醇。适宜在江南茶区、江北茶区的绿茶产区种植推广。

70. 迎霜

迎霜为无性繁殖系[10]，属小乔木型、中叶类、早生种。它是由福鼎大白茶和云南大叶种的自然杂交后代经系统选育而成。已在浙江、安徽、江苏、河南等近 10 个省份的茶区种植。适制红茶、绿茶，所制茶外形、内质均属优良。适宜在江南茶区的红茶、绿茶产区种植推广。

71. 劲峰

劲峰为无性繁殖系[10]，属小乔木型、中叶类、早生种。它是由福鼎大白茶和云南大叶种的自然杂交后代经系统选育而成。已在浙江、广西、安徽、江苏、湖北、陕西等近 10 个省的茶区种植。适制绿茶和红茶。所制炒青绿茶条索肥壮紧实，绿润显毫，香高持久，滋味鲜浓，是制作毛峰类绿茶的优质原料；所制工夫红茶外形紧细，乌润有毫，香郁味甘；所制红碎茶品质亦优。适宜在江南茶区的红茶、绿茶产区种植推广。

72. 翠峰

翠峰为无性繁殖系[10]，属小乔木型、中叶类、中生种。它是由福鼎大白茶和云南大叶种的自然杂交后代经单株选育而成。已在浙江、安徽、湖北、江苏、江西、河南、贵州、广西等产茶区种植推广。适制绿茶，所制绿茶条索细紧，色泽绿润，白毫显露，香高味爽，是制作名优绿茶毛峰的上等原料。适宜在江南茶区的绿茶产区种植推广。

73. 青峰

青峰为无性繁殖系[10]，属小乔木型、中叶类、中生种。它是由福云杂交后代经系统选育而成。在浙江茶区有种植。适制绿茶，所制绿茶品质优良。适宜在长江以南绿茶产区种植推广。

74. 浙农 12 号

浙农 12 号为无性繁殖系[10]，属小乔木型、中叶类、中生种。它是由福鼎大白茶与云南大叶种的自然杂交后代经系统选育而成。已被浙江、安徽、湖南、广西、陕西、贵州、江西、江苏等产茶区引种。适制红茶和绿茶。所制红碎茶香高味浓，叶底红亮，品质上乘；所制绿茶外形绿翠多毫，香高持久，滋味鲜浓，是制作名优绿茶毛峰的优质原料。适宜在江南茶区的红茶、绿茶产区种植推广。

75. 浙农 113 号

浙农 113 号为无性繁殖系[10]，属小乔木型、中叶类、中生种。它是由福云自然杂交后代经系统选育而成。已在浙江产茶区种植推广。适制绿茶，所制绿茶条索纤细，白毫显明，色泽绿润，清香持久，滋味浓鲜，品质特优。浙农 113 号也是制作毛尖类名优绿茶的上等原料。适宜在长江南北绿茶产区种植推广。

第二节　中国主要地方特色茶树品种

中国是茶的发源地，中国茶文化底蕴深厚，茶树种质资源丰富，地方特色茶树品种繁多。其中，茶产业发展历史早、规模大、茶树品种培育早的地区，特色茶树品种相对较多，具有代表性的主要有浙江、福建、四川、安徽、贵州等。

一、浙江省特色茶树品种

1. 顾渚紫笋

顾渚紫笋为有性繁殖系，属灌木型、中叶类、中生种。原产自浙江省长兴县水口乡顾渚山。树姿半开张，分枝能力中等。叶绿色，叶形为椭圆形。芽叶肥壮，黄绿色，茸毛较少，一芽三叶百芽重为40.8g。花冠直径3.8～3.9cm，花瓣6瓣，子房多毛，花柱3裂。产量较高。春茶一芽二叶含氨基酸4.6%、茶多酚23.3%、咖啡碱3.3%。适制绿茶，所制绿茶品质优良。顾渚紫笋抗寒性强，适宜在浙江北部绿茶产区种植推广。

2. 乌牛早

乌牛早为无性繁殖系，属灌木型、中叶类、特早生种。1988年被浙江省茶树良种审定小组认定为省级良种。原产自浙江省永嘉县罗溪乡（现三江街道），系当地茶农用单株选种法育成，主要分布于该县乌牛、黄田两区，20世纪90年代就在浙江及毗邻省区进行了大力推广。乌牛早植株大小中等，树姿半开张，叶片呈水平状着生。叶色绿有光泽，叶为椭圆或卵圆形，叶面微隆起，叶尖钝尖。芽叶壮，茸毛中等多，一芽三叶百芽重为 40.5g，育芽力和持嫩性强。花冠直径 3.1～3.3cm，花瓣 6 瓣，子房有毛，花柱 3 裂。结实率中等。种径 1.3cm。春茶一芽二叶含氨基酸 4.2%、茶多酚 17.6%、咖啡碱 3.4%、儿茶素总量 10.4%。产量较高。适制扁形绿茶等，所制茶品质优良。乌牛早抗逆性强，适宜在浙江绿茶产区作搭配品种种植推广。

3. 黄叶早

黄叶早为无性繁殖系，属灌木型、中叶类、特早生种。1992 年被浙江省农作物品种审定委员会认定为省级良种。原产自浙江省温州市郊茶山，系当地茶农采用单株选种法育成。树姿直立，分枝较密，叶片呈上斜状着生。叶色黄绿，叶形为椭圆形，叶身内折似瓢状，叶面平或微隆，叶质较硬脆。春茶育芽力强，芽叶肥壮，茸毛较少，一芽三叶百芽重为 43.7g。花冠直径 3.0cm，子房有毛，花柱 3 裂。春茶一芽二叶含氨基酸 4.1%、茶多酚 17.8%、咖啡碱 2.6%、儿茶素总量 11.1%。适制绿茶，所制绿茶品质优良。黄叶早抗逆性强，适宜在浙江绿茶产区作搭配品种种植推广。

4. 清明早

清明早为无性繁殖系，属灌木型、中叶类、早生种。1992 年被浙江省农作物品种审定委员会认定为省级良种。原产自浙江省瑞安市潘岱街道。树姿半开张，叶片呈水平状着生。叶色淡绿，叶形为椭圆形，叶身内侧，叶质柔软。芽叶肥壮，茸毛少，一芽三叶百芽重为 61.9g。发芽整齐，持嫩性强。花冠直径 3.5～3.7cm，花瓣 7 瓣，子房有毛，花柱 3 裂。春茶一芽二叶含氨基酸 3.9%、茶多酚 19.9%、咖啡碱 3.7%、儿茶素总量 13.3%。适制扁形绿茶等，所制绿茶品质优良。清明早抗逆性强，产量较高，适宜在浙江绿茶产区作搭配品种种植推广。

5. 瑞安白毛茶

瑞安白毛茶为无性繁殖系，属灌木型、中叶类、早生种。1992 年被浙江省农作物品种审定委员会认定为省级良种。原产自浙江省瑞安市潘岱街道。树姿半开张，分枝较密。叶色绿，叶为椭圆形，叶质柔软。芽叶较小，茸毛多，一芽三叶百芽重为 34.0g，持嫩性强。花冠直径 3.1cm，花瓣 6～7 瓣，子房有毛，花柱 3 裂。产量较高。春茶一芽二叶含氨基酸 4.0%、茶多酚 19.2%、咖啡碱 3.1%、儿茶素总量 13.0%。适制绿茶，所制茶品质优良。适宜在浙江绿茶产区作搭配品种种植推广。

6. 苔香紫

苔香紫又称“紫笋”，为无性繁殖系新品种，属灌木型、中叶类、中生种。1994 年被浙江省农作物品种审定委员会认定为省级良种。由中国农业科学院茶叶研究所从湄潭苔茶有性后代中采用系统选种法育成。树姿半开张，叶片呈上斜状着生。叶色绿，叶形为椭圆形，叶面隆起，叶缘波状，叶身背卷。发芽整齐，芽叶绿色，茸毛较多，一芽三叶百芽重为 48.8g。嫩叶背卷，色微紫。花冠直径 3.1～3.7cm，花瓣 6～8 瓣。抗寒性强。春茶一芽二叶含氨基酸 2.6%、茶多酚 21.9%、咖啡碱 4.1%。产量高。适制绿茶，所制绿茶品质优良。适宜在浙江绿茶产区种植推广。

7. 安吉白茶

安吉白茶又称大溪白茶，为无性繁殖系珍稀品种，属灌木型、中叶类、中生种。1998 年被浙江省农作物品种审定委员会认定为省级良种。原产自浙江省安吉县山河乡（现天荒坪镇）大溪村。原种仅有 1 株，据传树龄已有 100 余年。自 1982 年起开始繁殖，现在浙北茶区已扩大种植。植株较矮小，树姿半开张，叶片呈稍上斜状着生。叶色淡绿，叶形为长椭圆形，叶质较薄软。春茶嫩叶为白色，尤以二、三叶展时最显著，主脉和侧脉为绿色，后随叶片成熟和气温升高逐渐变为淡绿色，夏秋茶均呈绿色。芽叶较纤小，茸毛中等。花冠直径 3.0～3.3cm，花瓣 4 瓣，子房有毛，花柱 3 裂，结实率低，生长势较弱；抗旱性弱，易遭热害。春茶一芽二叶含氨基酸 6.2%、茶多酚 10.7%、咖啡碱 2.8%。产量较低。适制绿茶，所制绿茶香高持久，滋味鲜爽，品质优良。适宜在浙北绿茶产区种植推广。

8. 平阳特早茶

平阳特早茶为无性繁殖系新品种，属小乔木型、中叶类、特早生种。1998 年被浙江省农作物品种审定委员会认定为省级良种。原产自浙江省平阳县鳌江镇大坪村，在浙江其他茶区和安徽等地有少量引种。树姿半开张，分枝部位低而密，叶片呈上斜状着生。叶形为椭圆形，叶尖钝尖，叶面微隆起，叶身稍内折，叶色深绿，有光泽，叶质厚软。发芽特早，当地春茶萌发在 1 月底，一芽三叶期在 3 月中旬。育芽力强，节间短，芽叶茸毛较多，持嫩性强，一芽三叶百芽重为 39.8g。不开花，无生殖生长。春茶一芽二叶含氨基酸 4.8%、茶多酚 22.9%、咖啡碱 4.5%、水浸出物 40.3%。适制扁形绿茶等，所制绿茶品质优良，产量高。无性繁殖能力强，适应性强。适宜在浙江绿茶产区种植推广。

9. 龙井 43 号

龙井 43 号为无性繁殖系新品种，属灌木型、中叶类、特早生种。1987 年被全国茶树良种审定委员会认定为国家良种，编号为华茶 37 号（GSCT37）。由中国农业科学院茶叶研究所从龙井群体品种中采用系统选种法育成。植株中等大小，树姿半开张，分枝密，叶片呈上斜状着生。

叶色绿，叶形为椭圆形，叶身平，叶质中厚。育芽力强，发芽密度大，芽叶纤细，茸毛少，春梢芽叶基部有一淡红点，一芽三叶百芽重为39.0g。花冠直径3.1cm，花瓣6瓣，子房有毛，花柱3裂。结实率较高，种径1.3cm。抗寒性强，抗旱性较弱，适应性广。春茶一芽二叶含氨基酸3.7%、茶多酚18.5%、咖啡碱4.0%、儿茶素总量12.0%。产量高。适制龙井类绿茶，所制绿茶品质优良。适宜在江南、江北绿茶产区种植推广。

10. 迎霜

迎霜为无性繁殖系新品种，属小乔木型、中叶类、早生种。1987年被全国茶树良种审定委员会认定为国家良种，编号为华茶41号（GSCT41）。由浙江省杭州市茶叶科学研究所从福鼎大白茶和云南大叶茶自然杂交后代中采用系统选种法育成。树姿直立，叶色黄绿，叶形为椭圆形，叶缘波状，叶质较软。芽叶较肥壮，茸毛多，持嫩性强，一芽三叶百芽重为45.0g。花冠直径2.6～3.2cm，花瓣6～7瓣，子房有毛，花柱3～4裂。春茶一芽二叶含氨基酸2.5%、茶多酚30.5%、咖啡碱4.0%、儿茶素总量15.8%。产量高。适制红茶、绿茶，所制茶香高味浓，品质优。迎霜抗寒性、抗旱性较强，适宜在江南红茶、绿茶产区种植推广。

11. 寒绿

寒绿为无性繁殖系新品种，属灌木型、中叶类、早生种。1994年被全国农作物品种审定委员会审定为国家良种，编号为华茶59号（GSCT59）。由中国农业科学院茶叶研究所从格鲁吉亚8号的有性后代中采用系统育种法育成。树姿半开张，分枝密，叶片呈上斜状着生。叶色绿，叶形为长椭圆形，叶面隆起，叶质较硬。芽叶黄绿略带微紫色，茸毛多，一芽三叶百芽重为32.0g。花冠直径2.9～3.2cm，花瓣6～8瓣，子房有毛，花柱3裂。春茶一芽二叶含氨基酸3.4%、茶多酚21.3%、咖啡碱4.4%、儿茶素总量15.3%。适制绿茶，所制绿茶品质优良。产量高。寒绿抗性较强，适宜在江南、江北绿茶产区种植推广。

12. 龙井长叶

龙井长叶为无性繁殖系新品种，属灌木型、中叶类、早生种。1994年被全国农作物品种审定委员会审定为国家良种，编号为华茶60号（GSCT60）。由中国农业科学院茶叶研究所从龙井群体种中采用系统选种法育成。河南、江苏、安徽等省均有引种。植株树姿较直立，分枝较密，叶片呈水平状着生。叶色绿，叶形长椭圆，叶面微隆起。芽叶淡绿色，茸毛数量中等，持嫩性强，芽叶较纤长，一芽三叶百芽重为36.2g。花冠直径3.0～3.3cm，花瓣7瓣，子房有毛，花柱3裂。春茶一芽二叶含氨基酸4.1%、茶多酚18.6%、咖啡碱3.6%、儿茶素总量16.4%。产量高。适制龙井等绿茶，所制绿茶香高味鲜，品质优。龙井长叶抗寒性强，适宜在江南、江北绿茶产区种植推广。

二、福建省特色茶树品种

1. 武夷菜茶

武夷菜茶为有性繁殖系，属灌木型、中叶或小叶类、晚生种。原产自福建省武夷山，主要分布在闽东茶区。植株矮小，树姿半开张，分枝密。叶小，叶色绿或浓绿，叶形多为长椭圆形，叶片较厚。芽叶较短小，色绿或稍带紫红，茸毛较少。花冠直径2.5～5.5cm，多数4.0cm左右。抗逆性较强。产量一般。可加工制成青茶，品质良好。从中选出的优良单株，即“武夷名丛”，产品多为岩茶极品。

2. 福鼎大白茶

福鼎大白茶又称福鼎白毫，简称福大、福鼎，为无性繁殖系，属小乔木型、中叶类、早生种。1984 年被全国茶树良种审定委员会认定为国家良种，编号为华茶 1 号（GSCT1）。原产自福建省福鼎市柏柳村，栽培历史有 100 余年之久。1960 年后，在浙江、湖南、湖北、江西、江苏、安徽、广西、四川、贵州等地被大面积推广。植株较高大，树姿半开张，分枝部位较高。叶色绿，叶形椭圆，叶质较软，叶面微隆。育芽力强，芽叶较肥壮，茸毛多，一芽三叶百芽重为 63.0g。花冠直径 3.2～3.7cm，花瓣 6～8 瓣，子房多毛，花柱 3 裂。种径 1.3cm。春茶一芽二叶含氨基酸 4.3%、茶多酚 16.2%、咖啡碱 3.4%、儿茶素总量 11.4%。产量高。适制绿茶、白茶和毛峰类名茶，所制茶品质优良；也可加工制成红茶，品质优良。福鼎大白茶抗逆性强，适宜在长江以南绿茶产区及白茶产区种植推广。

3. 福鼎大毫茶

福鼎大毫茶为无性繁殖系。属小乔木型、大叶类、早生种。1984 年被全国茶树良种审定委员会认定为国家良种，编号为华茶 2 号（GSCT2）。原产自福建省福鼎市汪家洋村，栽培历史约 100 年。自 1958 年开始在福建省推广，后江苏、浙江、四川、江西、湖北等地也陆续有引种。植株较高大，树姿较直立，分枝部位较高。叶色绿，富光泽，叶形为椭圆形，叶身稍内折。育芽力强，芽叶肥壮，茸毛多而粗，一芽三叶百芽重为 104.0g。花冠直径 4.3～5.2cm，花瓣 7 瓣，子房多毛，花柱 3 裂。春茶一芽二叶含氨基酸 3.5%、茶多酚 25.7%、咖啡碱 4.3%、儿茶素总量 18.4%。产量高。适制红茶、绿茶、白茶，所制茶品质优良。福鼎大毫茶抗逆性较强、适宜在长江以南红茶、绿茶产区及白茶产区种植推广。

4. 福安大白茶

福安大白茶又称高岭大白茶。为无性繁殖系，属小乔木型、大叶类、早生种。1984 年被全国茶树良种审定委员会认定为国家良种，编号为华茶 3 号（GSCT3）。原产自福建省福安市穆阳镇。20 世纪 70 年代后主要在闽东茶区推广，广西、安徽、湖南、湖北、贵州、浙江、江西、江苏、四川等地也有少量引种。植株较高大，树姿半开张，叶片呈稍上斜状着生。叶色绿，富光泽，叶形为长椭圆形，叶身稍内折，叶面平。芽叶肥壮，淡绿色，茸毛尚多，一芽三叶百芽重为 98.0g。花冠直径 3.8cm，花瓣 8 瓣，子房有毛，花柱 3 裂。产量高。春茶一芽二叶含氨基酸 1.8%、茶多酚 28.2%、咖啡碱 4.6%。适制红茶、绿茶和白茶，所制茶品质优良。福安大白茶抗寒性、抗旱性均强，适宜在长江以南红茶、绿茶产区和白茶产区种植推广。

5. 梅占

梅占又称大叶梅占，为无性繁殖系，属小乔木型、中叶类、中生种。1984 年被全国茶树良种审定委员会认定为国家良种，编号为华茶 4 号（GSCT4）。原产自福建省安溪县芦田镇三洋村，栽培历史有 100 余年，目前主要分布在福建各茶区。浙江、安徽、广东、江西、湖北、湖南、广西等地也有少量引种。植株较高大，树姿直立，分枝较稀。叶色深绿，叶形为长椭圆形，叶身内折，叶尖下垂。芽叶肥壮，节间长，茸毛尚多，一芽三叶百芽重为 102.5g。花冠直径 3.7～4.4cm，花瓣 5～8 瓣，子房有毛，花柱 3 裂。春茶一芽二叶含氨基酸 3.6%、茶多酚 27.5%、咖啡碱 4.4%、儿茶素总量 18.1%。产量高。适制红茶、绿茶和青茶，所制茶具兰花香。梅占抗旱性强，适宜在长江以南青茶产区、红茶产区和绿茶产区种植推广。

6. 政和大白茶

政和大白茶又称政大，为无性繁殖系，属小乔木型、大叶类、晚生种，是自然三倍体。1984 年被全国茶树良种审定委员会认定为国家良种，编号为华茶 5 号（GSCT5）。原产自福建省政和县铁山镇，栽培历史有 100 余年。主要分布在福建建阳、崇安、周宁、福安等地。20 世纪 60 年代后，浙江、安徽、江苏、江西、湖南、四川、广东等地有少量引种。植株高大，树姿直立，分枝较稀。叶色深绿，富光泽，叶形为椭圆形，叶面隆起，叶质较厚。芽叶肥壮，茸毛特多，一芽三叶百芽重为 123.0g。花冠直径 4.3～6.2cm，花瓣 6～8 瓣，子房多毛，花柱 3 裂。开花不结实。春茶一芽二叶含茶多酚 24.9%、氨基酸 2.4%、咖啡碱 4.0%、儿茶素总量 14.9%。适制红茶和白茶，所制茶品质优良。政和大白茶抗寒性较强，适宜在长江以南红茶产区和白茶产区种植推广。

7. 毛蟹

毛蟹又称茗花，为无性繁殖系，属灌木型、中叶类、中生种，也是自然三倍体。1984 年被全国茶树良种审定委员会认定为国家良种，编号为华茶 6 号（GSCT 6）。原产自福建省安溪县虎邱镇，栽培历史有 80 余年。目前主要分布在福建茶区，广东、江西、湖南、浙江、湖北等地也有引种。树姿半开张，分枝密，茎节间短。叶片较小，叶色深绿，叶形为椭圆形，叶质厚而脆，叶齿深锐密。芽叶较肥壮，色绿，茸毛特多，一芽三叶百芽重为 68.5g。新梢持嫩性较差。花冠直径 4.0～4.8cm，花瓣 6～7 瓣，子房多毛，花柱 3 裂。抗病虫性强。春茶一芽二叶含氨基酸 3.0%、茶多酚 20.1%、咖啡碱 4.1%、儿茶素总量 15.8%。产量高。适制青茶、红茶和绿茶，所制茶品质优良。适宜在长江以南青茶产区和红茶、绿茶产区种植推广。

8. 大红袍

大红袍为武夷四大名丛之一。为无性繁殖系，属灌木型、小叶类、晚生种。原产自福建省武夷山天心岩九龙窠。植株较小，树姿半开张，分枝密，叶片呈上斜状着生。叶小，叶色深绿，富光泽，叶形为椭圆形，叶质较厚脆，叶身稍内折。芽叶壮，茸毛中等，深绿带微紫色，一芽三叶百芽重为41.0g。花冠直径3.5cm，花瓣6瓣，子房少毛，花柱3裂。产量低。春茶一芽二叶含氨基酸3.3%、茶多酚24.8%、咖啡碱4.2%、儿茶素总量 18.2%。适制青茶，所制青茶具桂花香，品质优良，被誉为“茶中之王”。大红袍抗寒性、抗旱性均强，适宜在武夷山青茶区种植推广。

9. 白鸡冠

白鸡冠为武夷四大名丛之一，为无性繁殖系，属小乔木型、中叶类、大叶种。原产自福建省武夷山火焰岗下的“鬼洞”。植株较高大。叶色浓绿，具光泽，叶形为长椭圆形，叶面隆起，主脉粗而明。嫩叶薄软，色黄或淡黄。花瓣7瓣，子房多毛，花柱3裂。适制武夷岩茶（青茶）。白鸡冠抗性中等，适宜在武夷山青茶产区种植推广。

10. 铁罗汉

铁罗汉为武夷四大名丛之一，为无性繁殖系，属小乔木型、中叶类、晚生种。原产自福建省武夷山慧苑岩。植株较高大，树姿半开张，分枝较稀。叶色绿，富光泽，叶形为椭圆形，叶面隆起。芽叶尚肥壮，黄绿色，茸毛多，一芽三叶百芽重为42.0g。花冠直径2.9～3.0cm，花瓣7瓣，子房多毛，花柱3裂。产量高。春茶一芽二叶含氨基酸2.8%、茶多酚22.7%、咖啡碱5.1%、儿茶素总量15.3%。适制青茶，所制青茶品质优良；也适制红茶、绿茶。铁罗汉抗寒性较强，适宜在武夷山茶区种植推广。

11. 九龙珠

九龙珠为武夷名丛之一，为无性繁殖系，属灌木型、中叶类、中生种。原产自福建省武夷山九龙窠。树姿直立，分枝较稀，叶片水平状着生。叶形为椭圆形，叶色绿，叶面平，叶身平。芽叶肥壮，绿带微紫色，茸毛粗显。花冠直径 3.0cm，花瓣 7 瓣，子房多毛，花柱 3 裂。适制青茶，所制青茶品质优良。适宜在武夷山茶区种植推广。

12. 肉桂

肉桂又称玉桂，为无性繁殖系，属灌木型、中叶类、晚生种。1985 年被福建省茶树良种审定小组认定为省级良种。原产自福建省武夷山市，栽培历史有 100 余年。树姿较直立，叶片着生水平。叶色浓绿或绿，叶形为长椭圆形，叶身内折，叶面平，叶质较软。育芽力强，芽叶绿色，茸毛少，一芽三叶百芽重为 53.0g。花冠直径 2.9～3.0cm，花瓣 7 瓣，子房多毛，花柱 3 裂。春茶一芽二叶含氨基酸 4.6%、茶多酚 22.7%、咖啡碱 3.8%、儿茶素总量 14.6%。适制青茶，所制青茶香味高锐，品质优良。肉桂抗寒性强，适宜在福建青茶产区种植推广。

13. 红芽佛手

红芽佛手又称雪梨、香橼种，与绿芽佛手统称“佛手”，为无性繁殖系，属灌木型、大叶类、中生种。1985 年被福建省茶树良种审定小组认定为省级良种。原产自福建省安溪县官桥镇，栽培历史有 100 余年。目前主要分布在闽南、闽中茶区，闽北、闽东也有少量栽培。植株较大，树姿披张，分枝稀疏，枝条较软韧。叶色黄绿，富光泽，叶形为卵圆或椭圆形，叶身稍背弯，叶质厚软，叶面强隆起。叶尖为圆尖或钝尖，发芽稀，芽叶肥壮，茸毛较少，绿色带紫红色，一芽三叶百芽重为 147.0g。

花少，花冠直径 3.9～4.1cm，花瓣 8 瓣，子房有毛，花柱 3 裂。不结实或极少结实。抗逆性强，适应性强。春茶一芽二叶含茶多酚 21.4%、咖啡碱 3.9%、儿茶素总量 12.9%。产量高。适制青茶，所制青茶品质优良；也可加工制成红茶，所制红茶品质优良。适宜在福建青茶产区种植推广。

14. 绿芽佛手

绿芽佛手为无性繁殖系，属灌木型、大叶类、中生种。1985 年被福建省茶树良种审定小组认定为省级良种。其来源与分布同红芽佛手。植株高大，树姿较直立，分枝较红芽佛手密，叶片着生稍上斜。叶色绿，叶形为卵圆形，叶面隆起度小于红芽佛手，叶质较厚软。发芽密度稀，芽叶肥壮，淡绿色，茸毛中等，一芽三叶百芽重为 137.0g。花少，花冠直径 4.3cm，花瓣 7 瓣，子房多毛，花柱 3 裂。不结实或极少结实。产量尚高。春茶一芽二叶含氨基酸 2.2%、茶多酚 34.4%、咖啡碱 4.3%、儿茶素总量 20.6%。适制青茶、红茶，所制茶品质优良。绿芽佛手抗逆性强，适应性强，适宜在福建青茶产区种植推广。

15. 铁观音

铁观音又称魏饮种、红心观音、红样观音，为无性繁殖系，属灌木型、中叶类、中生种。1984 年被全国茶树良种审定委员会认定为国家良种，编号为华茶 7 号（GSCT7）。原产自福建省安溪县西坪镇松岩村，栽培历史有 200 余年。现主要分布在福建青茶产区，广东、台湾等地也有引种。植株大小中等，树姿开张，分枝较稀。叶色深绿，叶形为椭圆形，叶面隆起，叶身稍背卷。芽叶大小中等，嫩茎较粗，嫩梢顶部微紫色，一芽三叶百芽重为 60.5g。持嫩性较强。花冠直径 3.0～3.3cm，花瓣 6～8 瓣，子房有毛，花柱 3 裂。春茶一芽二叶含氨基酸 3.6%、茶多酚 22.1%、咖啡碱 4.1%、儿茶素总量 12.2%。产量较低。适制青茶，所制青茶香气馥郁持久，滋味醇厚甘鲜，为青茶中极品。适应性较弱。适宜在福建种植推广。

16. 黄观音

黄观音为无性繁殖系新品种，属小乔木型、中叶类、早生种。其来源同金观音。树姿半开张，分枝密，叶片呈水平状着生。叶片为长椭圆形，叶色黄绿，叶面隆起。芽叶背卷，黄绿色，茸毛少，一芽三叶百芽重为 58.0g。产量高。鲜叶含茶多酚 27.3%、咖啡碱 3.5%、儿茶素总量 12.6%。适制青茶，所制青茶香气芬芳，味醇厚，品质似黄金桂；也适制红茶、绿茶。黄观音抗旱性、抗寒性及抗病虫性均较强。适宜在福建乌龙茶区及广东、湖南、四川、浙江、江苏等地种植推广。

三、四川省特色茶树品种

1. 早白尖

早白尖又称早白巅，为有性繁殖系品种，属灌木型、中叶类、早生种。1984 年被全国茶树良种审定委员会认定为国家良种，编号为华茶 28 号（GSCT28）。原产自四川省筠连县。分枝密，树姿开张，叶片呈水平状着生。叶形为长椭圆形，叶面微隆起，叶色绿，叶质较硬。育芽力强，发芽密度大，芽有茸毛，持嫩性强，一芽三叶百芽重为 33.5g。花冠直径 2.3cm，花瓣 7 瓣，子房多毛，花柱 3 裂。种径 1.3cm。产量高。抗寒性强。春茶一芽二叶含氨基酸 2.7%、茶多酚 27.3%、咖啡碱 4.5%、儿茶素总量 17.3%。适制红茶、绿茶，所制茶品质优良。适宜在西南红茶、绿茶产区种植推广。

2. 崇庆枇杷茶

崇庆枇杷茶为有性繁殖系，属乔木型、大叶类，早生种。1985 年被四川省农作物品种审定委员会认定为省级良种。原产自四川省崇州市。植株高大，树姿直立，分枝较少，叶片呈水平或下垂状着生。叶形为椭圆形，叶绿色，叶面平。芽叶黄绿色，茸毛稀疏，持嫩性强，一芽三叶百芽重为80.0g。花冠直径4.1cm，花瓣9瓣，子房多毛，花柱3裂或4裂。种径1.4cm。产量高。春茶一芽二叶含氨基酸2.0%、茶多酚26.8%、咖啡碱4.5%、儿茶素总量11.7%。适制红茶，所制红茶品质优良。崇庆枇杷茶抗寒性强，适宜在四川茶区种植推广。

3. 古蔺牛皮茶

古蔺牛皮茶为有性繁殖系，属灌木型、中叶类、中生种。1985年被四川省农作物品种审定委员会认定为省级良种。原产自四川省古蔺县。树姿较开张，分枝较密，叶片呈水平状着生。叶形为长椭圆形，叶面微隆起，叶色深绿，富光泽，叶质厚。芽叶肥壮，茸毛中等，一芽三叶百芽重为61.0g。花冠直径2.9cm，花瓣8瓣，子房有毛，花柱3裂。种径1.4cm，种皮较粗糙。产量高。春茶一芽二叶含氨基酸2.1%、茶多酚25.1%、咖啡碱4.5%、儿茶素总量16.8%。适制红茶、绿茶。古蔺牛皮茶抗旱性强，适宜在四川南部茶区种植推广。

4. 南江大叶茶

南江大叶茶为有性繁殖系，属灌木型、中叶类、早生种。1985年被四川省农作物品种审定委员会认定为省级良种。原产自四川省南江县。树枝半开张，分枝较密，叶片呈水平状着生。叶形为椭圆形，叶面微隆起，叶色绿，富光泽，叶质较软。育芽力强，芽叶黄绿色，多茸毛，一芽三叶百芽重32.0g。花冠直径3.1cm，花瓣9瓣，子房多毛，花柱3裂。种径1.3cm。产量高。春茶一芽二叶含氨基酸3.4%、茶多酚21.1%、咖啡碱3.9%、儿茶素总量14.7%。适制红茶、绿茶，所制茶品质优良。南江大叶茶适应性强，适宜在四川茶区种植推广。

5. 蜀永 1 号

蜀永 1 号为无性繁殖系新品种，属小乔木型、中叶类、中生种。1987 年被全国茶树良种审定委员会认定为国家良种，编号为华茶 46 号（GSCT46）。由四川省农业科学院茶叶研究所从云南大叶茶与四川中叶种杂交后代中采用系统选种法育成。植株高大，树姿直立，叶片呈水平或上斜状着生。叶形为长椭圆形，叶色深绿，富光泽，叶质厚。育芽力强，芽叶绿色肥壮，茸毛多，一芽三叶百芽重为 101.0g。花冠直径 3.9cm，花瓣 5～6 瓣，子房有毛，花柱 3 裂。产量高。抗茶半跗线螨能力强。春、夏、秋三季一芽二叶平均含茶多酚 33.6%、儿茶素总量 16.0%、咖啡碱 3.8%。适制红茶，所制红茶品质优良。适宜在西南和华南红茶产区种植推广。

6. 蜀永 2 号

蜀永 2 号为无性繁殖系新品种，属小乔木型、大叶类、中生种。1987 年被全国茶树良种审定委员会认定为国家良种，编号为华茶 48 号（GSCT48）。由四川省农业科学院茶叶研究所从四川中叶种与云南大叶茶杂交后代中采用系统选种法育成。植株高大，树姿较直立，叶片呈上斜状着生。叶形为椭圆形，叶色绿，叶面隆起，叶身内折，叶质较软。发芽密度中等，育芽力强，芽叶肥壮，黄绿色，持嫩性强，一芽三叶百芽重为 124.0g。花冠直径 2.2cm，花瓣 5～8 瓣，子房有毛，花柱 3 裂。产量高。抗茶半跗线螨能力较强。春、夏、秋三季一芽二叶平均含茶多酚 33.6%、咖啡碱 3.8%、儿茶素总量 17.1%。适制红茶，所制红茶品质优良。适宜在西南和华南红茶产区种植推广。

7. 蒙山9号

蒙山9号为无性繁殖系新品种，属灌木型、大叶类、中生种。1989年被四川省农作物品种审定委员会认定为省级良种。由四川省国营蒙山茶场等从蒙山群体中采用系统育种法育成。树姿较直立，叶片呈上斜状着生。叶形为长椭圆形，叶色深绿有光泽，叶面隆起。芽叶黄绿色，一芽二叶百芽重为48.0g。萼片少毛。花冠直径3.3～3.4cm，花瓣7瓣，浅黄白色，子房多毛，花柱3裂。抗寒性及抗茶半跗线螨能力均较强。产量高。春茶一芽二叶含氨基酸2.8%、茶多酚32.9%、咖啡碱5.5%、儿茶素总量15.3%。适制绿茶，所制绿茶香气高久，品质优良。适宜在四川绿茶产区及细茶、边茶兼制区种植推广。

8. 蒙山11号

蒙山11号为无性繁殖系新品种，属灌木型、中叶类、特早生种。1989年被四川省农作物品种审定委员会认定为省级良种。其来源同蒙山9号。树姿半开张，分枝较密。叶形为椭圆形，叶色绿，叶面微隆，叶身微内折。芽叶黄绿色，一芽二叶百芽重为44.0g。萼片少毛。花冠直径2.6～3.2cm，花瓣6～7瓣，浅黄白色，花柱3裂，子房多毛。抗寒性及抗茶半跗线螨能力较强。产量高。春茶一芽二叶含氨基酸3.3%、茶多酚33.4%、咖啡碱4.5%、儿茶素总量13.9%。适制绿茶，所制绿茶品质优良。适宜在四川绿茶产区种植推广。

9. 蒙山16号

蒙山16号为无性繁殖系新品种，属灌木型、中叶类、早生种。1989年被四川省农作物品种审定委员会认定为省级良种。其来源同蒙山9号。树姿半开张，分枝较密。叶形为椭圆形，叶色绿，叶身稍内折。一芽二叶百芽重为 52.0g。叶片少毛。花冠直径 2.7～3.6cm，花瓣 6 瓣，浅黄白色，子房多毛，花柱 3 裂。抗寒性及抗茶半跗线螨能力较强。产量高。春茶一芽二叶含氨基酸 4.7%、茶多酚 26.2%、咖啡碱 3.8%、儿茶素总量 10.5%。适制绿茶，所制绿茶味醇爽，品质优良。适宜在四川绿茶产区种植推广。

10. 蒙山 23 号

蒙山 23 号为无性繁殖系新品种，属灌木型、中叶类、早生种。1989 年被四川省农作物品种审定委员会认定为省级良种。其来源同蒙山 9 号。树姿半开张。叶形为椭圆形，叶色绿，叶面隆起，叶质厚软。芽叶黄绿色，一芽二叶百芽重为 44.0g。萼片少毛。花冠直径 2.8～3.6cm，花瓣 5～6 瓣，浅黄白色，子房多毛，花柱 3 裂。抗寒性及抗茶半跗线螨能力均较强。产量高。春茶一芽二叶含氨基酸 5.1%、茶多酚 22.6%、咖啡碱 4.2%、儿茶素总量 10.2%。适制绿茶，所制绿茶味鲜醇，品质优良。适宜在四川绿茶产区种植推广。

四、安徽省特色茶树品种

1. 黄山种

黄山种为有性繁殖系，属灌木型、大叶类、中生种。1984 年被全国茶树良种审定委员会认定为国家良种，编号为华茶 21 号（GSCT21）。原产自安徽省黄山，现主要分布在皖南茶区。树姿半开张，叶片水平着生。叶色绿，有光泽，叶形为椭圆形，叶面微隆起，叶质厚软。芽叶绿色，较肥壮，茸毛多，一芽三叶百芽重为 48.8g。花冠直径 3.8～4.0cm，花瓣 7 瓣，子房有毛，花柱 3 裂。种径 1.5cm。春茶一芽二叶含氨基酸 5.0%、茶多酚 27.4%、咖啡碱 4.4%、儿茶素总量 13.8%。产量较高。适制绿茶，所制绿茶品质优。所制黄山毛峰为传统名茶。黄山种抗寒性强，适应性广，适宜在江南、江北茶区种植推广。

2. 祁门种

祁门种为有性繁殖系群体品种，属灌木型、中叶类、中生种。1984年被全国茶树良种审定委员会认定为国家良种，编号为华茶22号（GSCT22）。原产自安徽省祁门县，早先主要分布于安徽休宁、贵池、太平等地，20世纪50年代后，浙江、苏州、湖南、湖北、江西、云南、贵州、四川、广东、广西、福建等地均有较大面积推广。俄罗斯、越南、巴基斯坦等国也曾先后引种。树姿半开张，叶片呈水平或稍上斜状着生。叶色绿，富光泽，叶形为椭圆形，叶质柔软。芽叶较肥壮，绿或黄绿色，茸毛尚多，一芽三叶百芽重为44.5g。花冠直径3.9cm，花瓣5～7瓣，子房有毛，花柱3裂。春茶一芽二叶含氨基酸3.5%、茶多酚20.7%、咖啡碱4.0%、儿茶素总量15.6%。产量高。适制红茶、绿茶，所制茶品质优良。所制祁门红茶为传统名茶，香气高锐，被誉为祁门香。祁门种抗寒性强，适宜在全国红茶、绿茶产区种植推广。

3. 祁门槠叶种

祁门槠叶种为有性繁殖系，属灌木型、中叶类、中生种。原产自安徽省祁门县。为祁门种中的主要类型（约占70%）。因叶形似槠树叶而得名。其他特征类似于上述祁门种。

4. 茗洲种

茗洲种为有性繁殖系，属灌木型、大叶类、中生种。1982年被安徽省茶树良种审定委员会认为省级良种。原产自安徽省休宁县流口山区。树姿半开张，叶片呈水平状着生。叶色绿，有光泽，叶形为长椭圆形，叶身多内折，叶面稍隆起，叶厚质软，叶缘微波状。育芽力强，发芽整齐，芽叶肥壮，茸毛多，一芽三叶百芽重为50.4g。花冠直径3.5cm，花瓣6瓣，子房有毛，花柱3裂。种径1.4cm。春茶一芽二叶含氨基酸3.3%、茶多酚26.2%、咖啡碱4.2%、儿茶素总量10.8%。抗寒性较强。产量较高。适制红茶、绿茶，所制茶品质优良。适宜在安徽红茶、绿茶产区种植推广。

5. 柿大茶

柿大茶为有性繁殖系，属灌木型、大叶类、中生种。1982年被安徽省茶树良种审定委员会认定为省级良种。原产自安徽省黄山市黄山区新民乡猴坑村一带。树姿半开张，分枝稀疏，叶片呈上斜状着生。叶色深绿，富光泽，叶面隆起，叶厚质软，叶缘微波状。育芽力强，持嫩性强，芽叶淡绿色，尚肥壮，茸毛多，一芽三叶百芽重为49.3g。花冠直径3.3cm，花瓣5瓣，子房有毛，花柱3裂。萼片少毛。种径1.4cm。产量较高。春茶一芽二叶含氨基酸3.6%、茶多酚23.8%、咖啡碱4.0%。适制绿茶，所制绿茶品质优良。所制太平猴魁为历史名茶。柿大茶抗寒性较强，适宜在安徽绿茶产区种植推广。

6. 宣城尖叶种

宣城尖叶种为有性繁殖系，属灌木型、大叶类、中生种。1982年被安徽省茶树良种审定委员会认定为省级良种。原产自安徽省宣城市溪口镇塔泉。植株较矮小，树姿半开张，分枝密度适中。叶色深绿，富光泽，叶形为椭圆形，叶面隆起，叶缘波状，叶身多背卷，叶质柔软。芽叶肥壮，一芽三叶百芽重为64.0g。花冠直径2.8cm，花瓣6～7瓣，子房有毛，花柱3裂。持嫩性强。产量较高。适制绿茶，所制绿茶品质优良。宣城尖叶种抗逆性较强，适宜在皖南绿茶产区种植推广。

7. 青阳天云茶

青阳天云茶为有性繁殖系，属灌木型、大叶类、中生种。1982 年被安徽省茶树良种审定委员会认定为省级良种。原产自安徽省青阳县九华山。树姿半开张，叶片呈上斜状着生。叶色深绿，具光泽，叶形为椭圆形，叶面微隆起，叶质较软。发芽整齐，芽叶尚壮，一芽三叶百芽重为 45.5g。花冠直径 3.8～4.0cm，花瓣 5 瓣，子房有毛，花柱 3 裂。产量高。春茶一芽二叶含氨基酸 3.5%、茶多酚 23.7%、咖啡碱 4.2%。适制绿茶。青阳天云茶抗逆性较强，适宜在安徽绿茶产区种植推广。

8. 安徽 1 号

安徽 1 号为无性繁殖系新品种，属灌木型、大叶类、中生种。1987 年被全国茶树良种审定委员会认定为国家良种，编号为华茶 38 号（GSCT38）。由安徽省农业科学院茶叶研究所从祁门群体中采用系统选种法育成。已在安徽各茶区推广，江西、江苏、河南等地先后也有引种。树姿半开张，叶片呈上斜状着生。叶色绿，富光泽，叶形为椭圆形，叶面微隆起，叶质较厚。芽叶肥壮，茸毛多。一芽三叶百芽重为 71.0g。花冠直径 3.6cm，花瓣 6 瓣。萼片有毛。子房有毛，花柱 3 裂。持嫩性、抗寒性、适应性均强。春茶一芽二叶含氨基酸 3.5%、茶多酚 25.6%、儿茶素总量 11.3%。产量高。适制红茶、绿茶，所制茶品质优良。适宜在江南、江北茶区推广种植。

9. 安徽 3 号

安徽 3 号为无性繁殖系新品种，属灌木型、中叶类、中生种。1987 年被全国茶树良种审定委员会认定为国家良种，编号为华茶 39 号（GSCT39）。其选育方法同安徽 1 号。目前已在安徽茶区推广，江西、河南等地也有少量引种。树姿半开张，叶片呈水平或上斜状着生。叶色绿，富光泽，叶形为长椭圆形，叶质柔软，叶缘微波状。芽叶黄绿色，较肥壮，茸毛较少，一芽三叶百芽重为53.0g。花冠直径3.1cm，花瓣6瓣，子房有毛，花柱3裂。萼片有毛。种径1.2cm。春茶一芽二叶含氨基酸3.3%、茶多酚23.4%、儿茶素总量9.9%。产量高。适制红茶、绿茶，所制茶品质优良。安徽3号抗寒性强，适宜在江南、江北茶区种植推广。

10. 安徽7号

安徽7号为无性繁殖系新品种，属灌木型、中叶类、中生种。1987年被全国茶树良种审定委员会认定为国家良种，编号为华茶40号（GSCT40）。其选育方法同安徽1号。现已在安徽茶区推广，江西、河南、江苏、湖北等地也有少量引种。树姿半开张，分枝较密，叶片呈上斜状着生。叶色深绿，叶形椭圆形，叶质较脆，叶身稍内折。芽叶尚肥壮，茸毛多，一芽三叶百芽重为47.0g。花冠直径4.3cm，花瓣7瓣，子房有毛，花柱3裂。种径1.2cm。春茶一芽二叶含氨基酸3.5%、茶多酚24.4%、儿茶素总量9.9%。产量较高。适制绿茶，所制绿茶具兰花香，品质优良。安徽7号抗寒性、抗旱性、适应性均较强，适宜在江南、江北绿茶区种植推广。

11. 皖农95号

皖农95号为无性繁殖系新品种，属灌木型、中叶类、早生种。1994年被全国农作物品种审定委员会认定为国家良种，编号为华茶56号（GSCT56）。由安徽农业大学茶业系从高桥早有性后代中采用系统选种法育成。树姿开张，分枝密，长势强。叶色绿，叶形为长椭圆形，叶质软。育芽力强。产量高。春茶一芽二叶含氨基酸3.8%、茶多酚 33.4%。适制红茶、绿茶，所制茶品质优良。抗寒性强。适宜在长江以南茶区种植推广。

12. 皖农 111 号

皖农 111 号为无性繁殖系新品种，属小乔木型、大叶类、早生种。1995 年被安徽省农作物品种审定委员会认定为省级良种。由安徽农业大学用云南大叶茶种子经 ^{60}Co-γ 辐照后选育而成。树姿半开张，叶片呈水平状着生。叶形为椭圆形，叶色绿，富光泽，叶尖急尖，叶面隆起，叶质柔软。芽叶绿色，茸毛多，一芽三叶百芽重为 84.0g，持嫩性强。产量高。春茶一芽二叶含氨基酸 4.7%、茶多酚 30.4%、咖啡碱 5.9%。适制红茶、绿茶，所制茶品质优良。皖农 111 号抗寒性强，适宜在安徽南部茶区种植推广。

13. 黄荆茶

黄荆茶为无性繁殖系新品种，属灌木型、大叶类、中生种。1983 年被安徽省茶树良种审定委员会认定为省级良种。由安徽省农业科学院茶叶研究所从黄荆大叶群体中采用系统选种法育成。树姿开张，分枝适中。叶色绿，叶形为椭圆形，叶身稍内折。芽叶较肥壮，发芽整齐。抗寒性较强。春茶一芽二叶含氨基酸 3.9%、茶多酚 30.4%。产量高。适制绿茶，所制绿茶品质优良；加工制成红茶品质亦优。适宜在安徽茶区种植推广。

14. 波毫

波毫为无性繁殖系新品种，属灌木型、中叶类、中生种。1987 年被安徽省茶树良种审定委员会认定为省级良种。由安徽省农业科学院茶叶研究所从贵州苔茶中采用系统选种法育成。树姿半开张，分枝密，叶片呈上斜状着生。叶色绿黄，具光泽，叶形为椭圆形，叶缘波状，叶质较软，叶面平。芽叶肥壮，茸毛多。春茶一芽二叶含氨基酸 3.0%、茶多酚 32.5%。产量高。适制红、绿茶和毫茶类名茶，所制茶品质优良。波毫抗寒性较强，适宜在安徽茶区种植推广。

15. 皂早 2 号

皂早 2 号为无性繁殖系新品种，属灌木型、中叶类、早生种。由安徽省农业科学院茶叶研究所从祁门县杨树林群体中采用系统选种法育成。树姿直立，分枝密。叶形为长椭圆形，叶色绿，富光泽，叶质柔软，叶面和叶身平。芽叶淡绿色，持嫩性强，茸毛中，一芽三叶百芽重为 49.3g。花冠直径 3.4cm，花瓣 5 瓣，子房有毛，花柱 3 裂。产量高。春茶一芽二叶含氨基酸 4.7%、茶多酚 28.5%、儿茶素 12.1%。适制红茶、绿茶，所制茶品质优良。皂早 2 号抗寒性强，适应性较广，适宜在安徽茶区种植推广。

16. 舒茶早

舒茶早为无性繁殖系新品种，属灌木型、中叶类、早生种。1995 年被安徽省农作物品种审定委员会认定为省级良种。由安徽省舒城县农业技术推广中心等从当地群体品种中采用系统选种法育成。树姿半开张，分枝较密，叶片稍呈上斜状着生。叶形为长椭圆形，叶色深绿，有光泽，叶质厚较软，叶面隆起，叶缘波状，叶身背卷。芽叶淡绿色，茸毛中等，持嫩性强。产量高。花冠直径 2.6cm，花瓣 5～6 瓣，子房有毛，花柱 3 裂。结实率低，种径 1.2～1.3cm。春茶一芽二叶含氨基酸 3.8%、茶多酚 21.5%、咖啡碱 4.1%。适制绿茶，所制绿茶具兰花香；所制小兰花茶为地方名茶。舒茶早抗寒性、适应性均强，适宜在安徽北部绿茶产区种植推广。

五、贵州省特色茶树品种

1. 黔茶 1 号

黔茶 1 号又名苔选 0322，为无性繁殖系，属灌木型、中叶类、早生种。由贵州省农业科学院茶叶研究所从湄潭苔茶群体品种中采用单株育种法育成。2003～2013 年在贵阳、湄潭、兴仁等地开展了品种比较试验和区域适应性试验，发现与对照福鼎大白茶相比，黔茶 1 号移栽成活率高，生长势强，产量高。多地移栽成活率在 99%以上，比对照高 3 个百分点；栽种两年后蓬面平均高度达 51.3cm，平均宽度达 78.6cm，比对照分别高 16.8cm 和 30.1cm，移栽后成园快；春茶鲜叶产量可达 3060kg/hm^2，比对照高 21.6%。适制性广，适制绿茶、红茶和白茶，所制茶品质俱优。2016 年获植物新品种保护授权，2019 年获非主要农作物品种登记证书。

2. 黔湄 502 号

黔湄 502 号为无性繁殖系新品种，属小乔木型、大叶类、中生种。1987 年被全国茶树良种审定委员会认定为国家良种，编号为华茶 32 号（GSCT32）。由贵州省茶叶科学研究所从云南凤庆大叶种与湖北宜恩长叶种杂交后代中采用系统选种法育成。植株较大，树姿开张，叶片呈水平状着生。叶形为椭圆形，叶面隆起，叶色深绿，富光泽。芽叶肥壮多毛，持嫩性强，一芽三叶百芽重为 84.0g。花冠直径 3.9cm，花瓣 6～9 瓣，子房有毛，花柱 3 裂。产量高。抗旱性和抗茶半跗线螨能力较强，抗寒性较弱。春茶一芽二叶含氨基酸 1.1%、茶多酚 37.7%、咖啡碱 3.0%、儿茶素总量 23.1%。适制红茶、绿茶，所制茶品质优良。适宜在西南茶区种植推广。

3. 黔湄 601 号

黔湄 601 号为无性繁殖系新品种，属小乔木型、大叶类、中生种。1994 年被全国农作物品种审定委员会认定为国家良种，编号为华茶 65 号（GSCT65）。由贵州省茶叶科学研究所从镇宁团茶与云南大叶茶杂交后代中采用系统选种法育成。树姿开张，叶片呈水平状着生。叶形为长椭圆形，叶面隆起，叶色深绿。发芽密度大，持嫩性强，芽叶多毛，一芽三叶百芽重为 110.0g。花冠直径 3.5cm，花瓣 7 瓣，子房有毛，花柱 3 裂。产量高。春茶一芽二叶含氨基酸 1.6%、茶多酚 32.9%、儿茶素总量 19.2%。适制红茶，所制红茶品质优良。黔湄 601 号抗寒性强，适宜在西南茶区种植推广。

4. 黔湄 701 号

黔湄 701 号为无性繁殖系新品种，属小乔木型、大叶类、中生种。1994 年被全国农作物品种审定委员会认定为国家良种，编号为华茶 66 号（GSCT66）。由贵州省茶叶科学研究所从湄潭晚花大叶茶与云南大叶茶杂交后代中采用系统选种法育成。树姿开张，叶片呈水平状着生。叶形为椭圆形，叶面微隆起。发芽密度大，芽叶肥壮多茸毛，呈黄绿色。一芽三叶百芽重为 99.0g。花冠直径 3.3cm，花瓣 6～8 瓣，子房有毛，花柱 3 裂。产量高。抗寒性较弱，抗茶半跗线螨能力强。春茶一芽二叶含氨基酸 1.5%、茶多酚 34.4%、儿茶素总量 19.8%。适制红茶，所制红茶品质优良。适宜在西南红茶产区种植推广。

5. 石阡苔茶

石阡苔茶品种起源于石阡境内，是国内屈指可数的地方良种，为无性繁殖系新品种，属灌木型、中小叶类、中生种。其母树属古茶树系列。因其苔粗、芽壮、节间长、苔状明显、夏秋季随气温的升高芽叶呈紫红色，俗称苔子茶或苔紫茶。具有长势旺，抗逆性强，产量高，适应性广等特点。适制红茶、绿茶，品质优良。适宜在贵州茶区种植推广。

6. 贵定鸟王种

贵定鸟王种为无性繁殖系新品种，属乔木型、中叶类、中生种，有明显主干，叶芽毫毛多，分枝半开展，叶形为长椭圆形，边缘锯齿多，深浅交替呈波浪形，叶呈上斜状着生，叶肉厚，叶面光滑、有蜡质，节间长2.9～3.6cm，叶脉8～11对，分枝匀称，成熟叶深绿色，平均长度8.5cm，宽度3.3cm，长宽比2.58，平均单叶面积为28.44cm^2。为红绿茶兼制品种。品质优于对照福鼎大白茶，抗性与对照相当。适宜在贵州的黔南、黔东南地区种植推广。

7. 湄潭苔茶

湄潭苔茶又称苔子茶。为有性繁殖系，属灌木型、中叶类、中生种。1984年被全国农作物品种审定委员会认定为国家良种，编号为华茶25号（GSCT 25）。原产自贵州省湄潭县。树姿半开张，分枝尚密，叶片呈水平或稍上斜状着生。叶形为椭圆形，叶面平或微隆起，叶色绿或暗绿。育芽力强，发芽密度大，芽叶绿或微紫色，一芽三叶百芽重为74.0g。花冠直径3.1cm，花瓣6瓣，子房有毛，花柱3裂。种径1.4cm。产量高。抗寒性、抗旱性强。春茶一芽二叶含氨基酸2.6%、茶多酚27.1%、咖啡碱4.9%、儿茶素总量18.1%。适制绿茶。适宜在长江以南绿茶产区种植推广。

8. 都匀毛尖

都匀毛尖为繁殖系，属灌木型、中叶类、早生种。原产自贵州省都匀市。树姿半开张，分枝较密，叶片呈水平状着生。叶形为椭圆形，叶面平，叶色绿，叶质较脆。发芽密度大，芽叶多毛。花冠直径 3.4cm，花瓣 7 瓣，子房多毛，花柱 3 裂。产量高。春茶一芽二叶含氨基酸 3.3%、茶多酚 29.7%、咖啡碱 4.3%、儿茶素总量 14.9%。适制绿茶，所制绿茶品质优良。都匀毛尖抗寒性、抗旱性强，适宜在贵州茶区种植推广。

9. 大方贡茶

大方贡茶为有性繁殖系，属灌木型、中叶类、晚生种。原产自贵州省大方县。树姿半开张，分枝密。叶形为椭圆形，叶色暗绿，叶面平，叶质中。芽叶暗绿或微紫色，有毛，一芽三叶百芽重为 38.2g。花冠直径 3.8cm，花瓣 6～8 瓣，子房多毛，花柱 3 裂。抗寒性及抗茶尺蠖能力较强。春茶一芽二叶含氨基酸 3.3%、茶多酚 27.9%、咖啡碱 4.4%、儿茶素总量 18.9%。适制红茶、绿茶，所制茶品质优良。适宜在贵州茶区种植推广。

10. 贵定仰旺茶

贵定仰旺茶为有性繁殖系，属小乔木型、大叶类、中生种。原产自贵州省贵定县。树姿半开张，叶片呈上斜状着生。叶形为长椭圆形，叶面平，叶色绿。芽叶肥壮多毛，一芽三叶百芽重为 80.0g。花冠直径 3.5cm，花瓣 7 瓣，子房有毛，花柱 3 裂。产量高。春茶一芽二叶含氨基酸 2.7%、茶多酚 35.3%、咖啡碱 3.2%、儿茶素总量 22.8%。适制红茶、绿茶，所制茶品质优良。贵定仰旺茶抗寒性强，适宜在贵州茶区种植推广。

11. 安顺竹叶茶

安顺竹叶茶为有性繁殖系，属灌木型、中叶类、中生种。原产自贵州省安顺市。树姿半开张，分枝密，叶片呈水平状着生。叶形为长椭圆形，叶面平，叶色绿。发芽密度大，芽叶多毛。花冠直径 2.7cm，花瓣 7 瓣，子房有毛，花柱 3 裂。产量较高。春茶一芽二叶含氨基酸 2.9%、茶多酚 32.6%、咖啡碱 3.0%、儿茶素总量 21.1%。适制绿茶。安顺竹叶茶抗寒性强，适宜在贵州绿茶产区种植推广。

第三节　优良茶树品种的选用与搭配

一、茶树良种的选用

茶树品种既是茶叶生产最基础、最重要的生产资料，也是茶产业可持续发展的物质基础。只有选用优良的茶树品种，采用科学的栽培技术，才能培育出优质、高产的茶园[11]。

1. 茶树良种选用的原则

茶树良种的选用与推广是提高茶园单产、改进茶叶品质、增强茶树抗性、降低生产成本、实现茶叶无公害生产的根本措施。新建茶园应选用无性系良种和其他优质、高产、经济性状好的茶树良种，此外，茶树良种选用时还应考虑当地的气候、地理条件，茶类的适制性，以及茶树品种的品质和产量等因素。

2. 茶树栽培优良品种

我国茶树良种资源丰富，现有栽培茶树品种 600 多个，有较大栽培面积的达 250 多个，其中包括 77 个国家级茶树良种。从 20 世纪 70 年代开始，我国茶叶科研与教学单位通过系统选种与杂交育种，陆续育成一批茶树新品种，如中国农业科学院茶叶研究所育成的龙井 43 号、碧云，浙江农业大学茶学系育成的浙农 12 号、浙农 21 号、浙农 25 号等。1984 年 11 月，全国茶树良种审定委员会对各地上报的茶树地方良种进行了审定，公布了福鼎大白茶、祁门种、黄山种、云台山种、政和大白茶、宜昌大叶种、凤凰水仙、紫阳种等 30 个地方良种为全国第一批认定的茶树良种。这些品种有的已在生产上大面积推广，有的在单产或品质上表现出明显的优越性。1987 年 1 月全国茶树良种审定委员会对上报的各新育成品种进行了审定，公布了黔湄 419 号、龙井 43 号、安徽 1 号、福云 6 号等 22 个全国第二批认定的茶树良种。1995 年 5 月全国农作物品种审定委员会茶叶专业委员会又一次对上报的新育成品种进行了审定，公布了皖农 95 号、龙井长叶、浙农 113 号、宜红早等 25 个全国第三批认定的茶树良种。实践证明，无论是原有的地方良种，还是新育成良种，只要良种与优良的栽培法结合起来，都可显出种植良种的优越性。

二、茶树良种选用与搭配

在新茶园建设时，应遵循茶树良种选用的原则，科学选用茶树品种，并对不同类型的品种进行合理搭配种植。茶树良种选用应注意以下几点。

（1）根据新建茶园气候、土壤条件和适制茶类的特性，有目的地选用茶树优良品种，可形成茶园品质特色。采用茶树品种时要有目的地合理搭配，一般选用一个当家品种，其面积应占种植面积的 70%左右，其搭配品种占 30%左右。

（2）在茶树良种选用时可将不同品质特色的茶树品种按一定的比例栽种，将香气特高、滋味甘美、颜色浓艳等不同品种的鲜叶分别加工后进行拼配，可以提高茶叶品质。

（3）选用茶树良种时注意早、中、晚生茶树品种的搭配，这样既可以错开茶叶采摘、加工高峰期，缓解劳动力不足的问题，又可以充分利用加工厂房和机械设备，减少闲置和浪费。在栽种时注意同一品种要相对集中栽培，以便于管理。

第四节　茶树无性繁殖技术

茶树是一种重要的经济作物，其繁殖技术对于茶叶生产具有重要的意义。茶树繁殖技术主要有无性繁殖和有性繁殖两种方式。无性繁殖技术因具有繁殖速度快、遗传稳定、品种纯正等优点，是茶树繁殖中主要采用的方式[11]。茶树无性繁殖技术主要包括茶树母本园的培育、苗圃地的建设、扦插育苗、田间管理等环节。

一、茶树母本园的培育

一般供夏插的青、壮年母树，春茶前按每亩（1 亩≈667m^2）25kg 过磷酸钙、1000kg 农家肥施足基肥，进行深修剪后开始留养；供秋冬插的青、壮年母树可于春茶采摘后按同样标准施足基肥，进行深修剪后开始封园留养，留养的母本园一定要做好管理：一要适时追施一定量的氮素肥料，使母本树在水肥丰足的条件下萌发健壮的枝条；二要加强病虫害防治，确保穗条质量，留养穗条的母本园由于不采茶，嫩芽嫩叶较多，春季易引发蚜虫危害，夏季易引发小绿叶蝉和螨类危害，因此要做好及时防治；三要及时打顶壮梢，当枝条的基部开始变红时及时把顶芽摘除，约两个星期，待新梢多数腋芽肥粗饱满、枝条 2/3 左右呈木质化（红梗）程度时，及时剪枝插植育苗。

二、苗圃地的建设

首先，要选好地。苗圃地的建设要选择地势平坦、水源充足、能排易灌、地下水位低于 40cm、酸性或微酸性的砂质平地或缓坡地。

其次，要精制苗床，苗圃地全面翻耕后制成高 10～15cm、宽 120～130cm、呈东西走向的苗床，苗床间沟宽 40cm、沟深 30cm。苗床制好后要施入基肥，一般每亩用农家肥 1000kg、过磷酸钙 25kg，混合腐熟后施入苗床，并注意与土壤拌匀。施好基肥后，将厢面整平，再在已平整好的苗床上铺 5～7cm 厚的细红壤或黄壤心土作为扦插土。

最后，要搭好遮阳棚。遮阳材料采用黑色遮阳网，棚架设置高度为 1.8～2.0m，遮阳网的遮光率要适宜，夏插要求遮光率达 70%～80%，秋插要求遮光率达 55%～65%。

三、扦插育苗

扦插的时期一般在夏秋两季，夏插多在 6～8 月进行，秋插多在 9～11 月进行。

1. 选枝条剪插穗

选择腋芽肥粗饱满、已 2/3 左右呈木质化的枝条剪插穗，剪插穗的要求是：把插穗剪成长 3～4cm，1 个短茎上具有 1 个饱满的腋芽和 1 片健全的叶。出现小分枝的，主枝留 1 叶，侧枝留 1 片真叶。通常 1 个节间可以剪取 1 个短穗，注意剪口要平滑，剪口斜向与叶向相同。

2. 插植规格

扦插时，先将苗床喷湿喷透，待稍干后进行扦插，一般行距 7～10cm、株距 2～4cm，以叶片互不重叠为宜，每亩可扦插 15 万～20 万株。插植深度以腋芽和叶柄露出土面，避免叶片贴土为宜，扦插时边插边将土壤稍加压实，使插穗与土壤密接，以利发根。

四、田间管理

1. 水分管理

扦插后在插穗未生根以前要勤浇水，以保持土壤湿润和增加空气湿度。晴天每天早晚各浇水 1 次，阴天每天浇水 1 次，雨天不浇，大雨久雨要及时排水。生根后晴天浇水 1 次；雨天看苗床水分情况而定，以保持土壤湿润即可。当茶苗长到 5～10cm 时，应根据土色灵活浇水。

2. 施肥管理

短穗插植后未长根以前一般不施肥，待短穗长根后可薄施水肥，施肥以沤制的人畜粪尿兑水加 0.2%尿素进行淋施，以后 1 个月施 1 次，全苗圃期施肥 5～6 次，每次施肥后要用清水淋浇 1 次以清洗附着在叶片上的肥液。

3. 病虫害防治管理

由于苗圃内嫩芽嫩叶较多，春季易发蚜虫、夏季易发小绿叶蝉和螨类危害，因此要利用绿色环保措施及时防治。例如，采取增强土、肥、水的管理等措施进行农业防治；利用太阳能杀虫灯、白炽灯或粘虫板、性激素等诱杀害虫，进行物理防治；利用天敌昆虫、病原微生物、农用抗生素及生物制剂等进行生物防治。

4. 苗期管理

夏插的茶苗第二年 4～5 月开始揭网，秋插的茶苗第二年 6～7 月开始揭网。初次揭网选择下午阳光不太强时，采取先半揭然后再全揭的方法进行炼苗，逐步增强茶苗的适应能力和抗逆性，培育壮苗和提高成活率。幼苗生长 7～8 个月时是较关键的时期，当苗高达 25cm 以上时应打顶壮苗，剪除茶苗顶部 2～3 片嫩叶的部分，促进分枝生长。打顶后要及时施肥。当茶苗生长到 25cm 以上、基部茎粗 0.3cm 左右时即可出圃进行移栽。

第三章

山地特色高效茶园建设

第一节　茶园建设基本原则

一、生态茶园

（一）生态茶园的概念

生态茶园是指以茶树为主要物种，根据生态学理论，应用生态系统设计原理，综合运用可持续农业技术，将茶园中生物间、生物与环境间的物质循环和能量转化相关联，科学构建和管理适宜茶树生长的茶园生态系统，实现资源节约、环境友好、产量持续稳定、产品安全优质的茶园[12]。

（二）生态茶园建设基本原则

1. 生态优先

生态茶园建设过程中，应将保护生态环境作为前提，不能选用生活用水的水源地及生态公益林地。建设过程中应降低对环境的破坏，防止污染环境。

2. 因地制宜

生态茶园建设过程中，应结合种植地实际情况，针对不同的土质与地形条件，做到因地制宜，充分发挥其优势与特色，提升生态茶园的生产水平与经济价值。生态茶园不仅要做到科学选种，还应合理选择耕作和施肥方式，种植适当的隔离带和间作植物，并构建出相应的病虫害防控体系。

3. 科学管控

只有采取科学有效的管控方式，才能实现生态茶园的高质量发展。因此，生态茶园建设时，应遵循科学管控原则，重点做好茶园耕作、水分管理及土壤肥力培育等工作，在提升生态茶园管理质量的同时，保证生态茶园建设工作的高效推进。

二、有机茶园

（一）有机茶园的概念

有机茶园主要是指利用生态自然法则相互协调种植的茶园，其具体的生产技术应用能使有机茶园的生态系统维持可持续性及稳定性。有机茶园基地可以由常规茶园转变，也可以由荒凉茶园改造，或是种植的新茶园。有机茶园要符合生态环境要求，远离城市、产业区、公路和乡村，避免灰尘、垃圾、废气、废水和较多人为活动对茶叶造成污染。茶园用地周围应树木繁茂，生物多样性水平高，水质纯净、空气清新。茶园的土壤要求自然肥力高、土质疏松、耕层相对较厚、通透性好、营养元素丰富且不积水[13]。图 3-1 为贵州省石阡县龙塘镇大屯村万亩有机苔茶示范园。

图 3-1 贵州省石阡县龙塘镇大屯村万亩有机苔茶示范园

（二）有机茶园建设基本原则

1. 土壤保育

有机茶园要求保持土壤的生态平衡，不使用化学肥料和农药，采用有机肥料和生物肥料，增加土壤有机质含量，提高土壤肥力，保持土壤的水分和养分，减少土壤侵蚀和水土流失。

2. 生态平衡

有机茶园要求保持生态平衡，不破坏生态环境，保护生态系统，促进生态循环，增加生物多样性，减少对生态环境的破坏。

3. 病虫害防治

有机茶园的病虫害防治要求采用生物防治和物理防治相结合的方式，不施用化学农药，增加有益微生物的数量，提高植物的免疫力，减少病虫害的发生。

4. 无公害

有机茶园要求不使用化学物质，不产生污染物，不对环境造成危害，保证茶叶的品质和安全。

5. 人工管理

有机茶园要求采用人工管理的方式，保证茶叶的品质和安全，提高茶叶的产量和质量，保证茶叶的营养成分和口感。

三、无公害茶园

（一）无公害茶园的概念

无公害茶园的定义是指运用生态学原理，充分利用光、热、水、气、养分和环境生物等自然资源，有效、持续地促进茶园生态系统内的能量循环，使产地环境符合无公害农产品的产地环境条件要求，在生产管理上严格执行无公害食品的生产技术规程[14]，从而使所生产的产品具有无污染、优质、安全、营养成分丰富的特点，达到各项食品标准要求。

（二）无公害茶园建设基本原则

无公害茶园要坚持高标准、高质量的要求，要以优质、高产、高效为核心，以实现茶园良种化、园林化、生态化与机械化为目标。

1. 茶园良种化

对于新建无公害茶园，选用良种是一个重要标准，不仅要注意选用产量高、品质好、抗逆性强的良种，还要注意早、中、晚生良种的搭配，以缓解采摘高峰，也有利于加工时均衡生产。

2. 茶园园林化

具有园林化环境是现代优质高产茶园的重要标志，它以治山、治水、治土为中心，实行水、土、园、林、路的综合治理。从园相来看，应该是茶园成片、园地成块、梯级等高、茶行成条、林木成行、区块分明。这样不仅有利于进行现代化管理，而且可以在保持水土、涵养水源、提高湿度、调节园区气温、改变茶园的微域气候、避免或减轻茶树遭受气象灾害等方面起到积极的作用。

3. 茶园生态化

运用生态学原理，以茶树为主体，种植其他生物种群，合理布置，可形成一定格局，创建种群间共生、作用互补的群落。改变原有单一茶园的光照、热量、水分、土壤肥力和动植物种群、微生物种群，在有限的空间内能获得最高的生物产量、生产力和对不良环境的较强抵御能力，为实现茶园生态的无公害治理打下基础。

4. 茶园机械化

茶叶生产季节性很强，需要的劳动力较多，采用机械作业可以使茶园管理、茶叶采摘、病虫害防治、灌溉、肥料及生产资料运送等作业得到及时实施，从而提高劳动生产率，达到最佳经济效益。

第二节　茶园建设标准

自古以来，茶叶在我国人民群众的日常生活中占据着重要地位。随着现代化发展，人民的生活水平不断提高，人们的健康意识越来越强，对茶叶的需求量越来越大，对茶叶的品质要求也越来越高。但是在茶叶种植环节，各种因素的限制对茶叶的产量和质量造成了很大的影响，这就要求种植者要严格依照相关标准进行茶叶种植，即建立标准化种植基地。标准化种植基地是标准化建设的重要内容，是农业生产环节实践农业标准的主要手段，也是从源头上解决农产品质量安全问题的重要措施。按照专业化生产、产业化经营的基本要求，以标准化生产为手段，从放心、无公害、绿色及有机等优质农产品生产抓起，建立一批标准化生产示范基地，带动标准化工作的开展，逐步实现全部农业生产的基地化、基地的标准化。通过茶叶标准化的建立，在发展的过程中兼顾产量和质量，促进茶产业健康发展。茶叶生产既要注重规格标准化基地建设，还要注重标准化、科学化的管理，力图在提高茶叶生产数量的基础上，改善当地的传统茶叶种植结构，提高茶产业的发展后劲，改善传统落后的分散型组织模式，提高茶叶的产量和品质，增加茶农的收入，促进我国农业产业结构的调整升级，实现我国茶产业的可持续发展。

一、生态茶园建设标准

生态茶园建设应符合以下标准。

（1）生态茶园土壤应呈酸性，pH 为 4.5～6.0；土层有效深度不少于 80cm，土壤质地良好、养分均衡。

（2）生态茶园应为平地或缓坡，坡度 15° 以上的坡地宜建立梯级园地，坡度 15° 以下的坡地可等高条植。

（3）所在区域应植被丰富，植被覆盖率不低于 80%。

（4）生态茶园应具有一定规模且相对集中，离公路干线直线距离大于 200m。

（5）生态茶园道路应布局合理，有主干道、支道、操作道等，能适应机械化生产要求。主干道要硬化且平整清洁。

（6）生态茶园排、蓄、灌水系统应设置合理。根据茶园地形、地势，利用自然溪沟设置排水沟和蓄水池，主干道和支干道内侧建排水沟，宜每隔 15～20m 设立蓄水沟以减少水分流失。同时，还要配套建设喷灌、滴灌或水肥一体化等现代节水灌溉设施。

（7）生态茶园园区内建筑物宜采用统一风格或主题，做到色彩、外形等的协调美观，具有体现相关茶文化特色的元素。

二、有机茶园建设标准

有机茶园建设应符合以下标准。

（1）有机茶园园地应远离城区、工矿区、工业污染源、生活垃圾场等。

（2）与常规种植的农作物之间应有安全的缓冲带或物理隔离带。

（3）应选用适应当地土壤和气候条件、抗病抗虫性强的优良品种。

（4）有机茶园园地建设应遵循自然法则和生态学原则，维护茶园的生态平衡，发挥茶树良种的优良特性。

（5）应合理利用自然资源，注意保护生物多样性，保持生态平衡，防止水土流失。

（6）应禁止使用人工合成的化学肥料、除草剂、农药等投入品。

三、无公害茶园建设标准

无公害茶园建设应符合以下标准。

（1）无公害茶园应选择建设在生态环境良好、远离污染源，并具有可持续生产能力的农业生产区域。

（2）无公害茶园的规划与建设，应有利于保护和改善茶区生态环境，维持茶园生态平衡，发挥茶树良种的优良特性，便于对茶园进行灌溉和机械作业。

（3）应根据无公害茶园的规模、地形、地貌等条件，设置合理的道路系统，以便于交通和田间管理。

（4）应建立能蓄能排水利系统，在条件允许的情况下建立节水灌溉系统。

（5）无公害茶园用肥应以农家肥、饼肥为主，若用垃圾肥，则须经净化处理，达到有机肥料农业行业标准——《有机肥料》（NY/T 525—2021）后方可使用，无氯速效化肥在生产季节可少量使用，但化肥施用量不得超过全年肥料施用总量的 20%。

（6）无公害茶园内应禁用草甘膦等除草剂进行茶园梯壁和园间除草。

（7）生产季节，无公害茶园内应严禁全面喷施化学农药，常见病虫害宜用生物农药，结合农艺措施进行综合防治，对于个别病虫发生特别严重的茶行可选用针对性强的高效低毒农药进行防治，但是农药施用的剂量、方法、安全间隔期选择，必须严格符合规定，不得随意放宽使用条件。

第三节　茶园园地选址

我国是茶叶种植和消费大国，随着社会经济的发展，人们对茶叶的需求量越来越多。与此同时，很多适宜种植茶叶的地区也在大力推广建设标准化现代茶园。现代化标准茶园要想建得好，首要考虑的问题就是茶园的地理位置选择。茶园选址应选择坡度 30° 以下的缓坡地，海拔以 500～1200m 为佳。茶树属深根性树种，喜酸性土壤，宜选择土层深厚的黄壤、黄棕壤。

一、生态茶园园地选址

生态茶园宜建在生态环境较为优越的山区，选址所在地的空气、水质、土壤等自然条件应符合无公害食品产地的生态环境标准，主要包括大气、水、土壤等，要求空气清新、水质纯净、土壤无污染、生态环境好。生态茶园园址选择应符合以下标准。

（1）生态茶园土壤要求 pH 为 4.5～6.0、有机质含量大于 1.5%，茶树种植面积占茶园总面积的 60%～70%，其他植物种植面积占茶园总面积的 30%～40%。

（2）生态茶园应远离城区、工矿区和交通主干线，远离有毒有害物质排放污染源。

（3）生态茶园园地应保持水土良好，园林植被丰富，生物多样性水平高。

（4）生态茶园的生产者、经营者应具有良好的生产技术基础，规模较大的基地周围还要有充足的劳动力资源和清洁的水源。

二、有机茶园园地选址

由于有机茶园对产品质量要求较高，因此，对园地选择的要求也非常严格。优越的茶树生长环境条件有利于茶树的生长，使有机茶园内茶树生长质量得以提升和优质鲜叶原料得以稳定供应，从而有效提升有机茶园的生产效益。有机茶园园址选择应符合以下标准。

（1）有机茶园的坡度最好在 15° 以内，土壤深厚肥沃，pH 为 4.5～6.5，土地相对比较集中连片。

（2）有机茶园所在地的空气、土壤、水源等条件优良，无污染、无公害。

（3）有机茶园应选在距离城市比较远的区域，远离工厂和生活区，与公路主干道要有 200m 以上的距离。

（4）有机茶园应选择植被保护良好、相对集中连片的茶山，最好周围有天然的防护林。

（5）有机茶园应交通较为方便，便于茶叶采摘和运输。

三、无公害茶园园地选址

无公害茶园应选择在空气清新、水质纯净、土壤未受污染、生物植被丰富、农业生态环境好的地区，应尽量避开城镇、工业区和交通干道。边远山区、农村等农业生态环境相对较好，是无公害茶园选择的理想区域。无公害茶园园地选址应符合以下标准。

（1）无公害茶园周围 5km 距离以内不得建有排放有害物质（包括有害气体）的工厂、矿山、作坊、土窑等。

（2）无公害茶园四周应有山体、森林、河流与天然或人工防护体系。

（3）无公害茶园应空气、土壤、水源等条件优越无污染。

（4）无公害茶园与大田作物、居民生活区的距离应为 1km 以上，与四周农作物、林地、荒山的交界处应设置隔离沟或隔离带，确保不受临近林地、农田施肥和用药等作业的污染。

第四节　茶园园地规划

茶园园地规划是新辟茶园的基础。茶园园地规划工作既要考虑当地自然条件、茶树对自然环境条件的基本要求，又要服从农业生产的整体布局，以适应农业生产现代化的要求。在选好园地后，要进行园地的整体规划。现代茶叶生产要求茶园园林化、茶树良种化、灌溉水利化、采摘机械化、管理标准化。例如，要根据茶园的规模、地形、地貌，合理设置水沟、道路、蓄水池等。规划工作主要包括以下几个方面：一是根据地形，合理设计；二是设置道路，划区分块；三是开设排蓄水沟、水池。

一、生态茶园生态规划与园地建设

生态茶园园地规划与建设应有利于保护和改善茶园生态环境，维护茶园生态平衡，充分发挥茶树良种优势。园地规划的基本要求为：水沟、道路合理布局；等高梯层，面宽合理；全面深垦，重施基肥，合理密植，良种壮苗，适时条栽。茶叶生产应向茶区园林化、茶树良种化、灌溉水利化、生产机械化、管理标准化方向发展。

（一）生态规划

在立体结构上，生态茶园应选择“头戴帽、腰系带、脚穿鞋”的方式进行规划，保证乔、灌、草共存。在植被选择上，生态茶园应主要选择阔叶类植物，保证其他植物与茶树没有交叉遮盖且不存在严重的病虫害问题。

（1）对于开垦不便的区域，如山顶、园地边缘等位置，应保留原有林木植被。

（2）若茶园建设面积在 6.7hm^2 以上，应规划与建设生态林带，如联合种植乔木与灌木。

（3）在茶园道路旁边以 5～6m 的间隔种植行道树。在茶园中应规划种植遮阴树，每亩实际种植数量为 5～8 株。

（4）在茶园梯壁位置种植匍匐性植物，同时在 1～3 年生茶园与园内间隙中套种苕子、紫云英、油菜及豆科作物等。

（二）园地建设

在园地建设方面，不仅要满足保土要求，还应满足保肥及保水要求。

（1）开园过程中，不可使用大型机械，也不能放火烧山。

（2）梯田开垦时，应保证梯层高度相等，梯层高 60cm，梯面宽度 1.5～2.0m，小弯取直、大弯随势，所有梯田均应与道路相接，并且做到沟沟相通。

（3）道路建设过程中，不仅要便于开展生产管理工作，能够进行机械化作业，还要有助于水土保持。因此，需要建设主干道、支道、步道及环园道。

（4）茶树种植应立足当地环境条件，科学选择茶树品种。同时，按照实际生产需要合理搭配品种。例如，根据采摘期合理搭配成熟期不同的茶树品种。高山区域茶苗种植应选择超过 3 年苗龄的茶苗。不超过 2m 宽的梯面通常选择单行种植模式，保持株距 50～60cm；超过 2m 宽的梯面可以选择双行种植模式。

二、基础配套设施建设

生态茶园建设应根据实际需求，适当拓宽与改造道路，合理布设各类型道路。同时，要对路面进行硬化处理，构建科学的交通网络。高山生态茶园水利设施建设需要保证其具备良好的灌溉、排涝及蓄水功能。建设排蓄水系统时，应结合地形地势合理设置排水沟和防洪沟，一般将防洪沟设置于茶园上方，将洪水引入排水沟，避免山洪冲毁茶园。为达到良好的蓄水效果，还应在梯层内侧设置竹节型蓄水沟，并连接防洪沟，具体建设位置为接近水源的区域。同时，为了满足茶园的用水需求，每 2.67～3.33hm^2 建设 1 个 10～20m^3 大小的蓄水池。若有条件，可建设一些灌溉设施，以获得更加优质的茶叶。

（一）有机茶园园地规划

有机茶园园地规划必须保证土壤适宜，并坚持“四个远离，六点要求”。四个远离是指远离居民区、远离公路、远离城市及远离工厂。六点要求是指有机茶种植规范且品种优良；茶田不能和农田接壤，中间要有隔离带；茶园周边有树、有山，生态环境良好；至少2年未施用过化肥；有机茶所种植的土地不能有农药残留；土壤肥力高、土层深厚。

1. 茶园地块划分、设计

发展新茶园要集中连片，有利于生产管理。茶园选地要背风向阳、光照充足，可以使茶园春季日照时间长，气温回升快，有利于促进春茶发芽，从而提高产量和经济效益。根据地理条件合理确定地块划分，茶园坡度选择在25°以下为宜，土层厚度在1.2m以上，地下水位在1.2m以下，土壤通气性、透水性或蓄水性良好，土壤pH为4.5～6.5。茶园面积在100亩以上较好，茶块面积以1亩为宜，茶行长度以50m左右为宜，具体依地形而定。坡地茶园要开成等高梯级茶园，梯面宽度不低于1.5m，方便茶园的生产管理。

2. 茶园道路网的设置

有机茶园为了管理和运输的方便，需要设置干道、支道和步道，并使其相互连通成道路网：茶园干道路宽8m左右，两旁种植行道树，两侧开设排水沟；支道路宽4～5m，与干道相通，是茶园运输肥料、茶叶原料的道路；步道路宽2～3m，为支道通向各茶园的道路，同时也可作为茶园的分界线。面积25hm^{2}以内的茶园可仅设支道和步道。为了提高土地利用率，可根据茶园地形、坡度，因地制宜地设置干道和支道。平地茶园道路网可以设计成直线形，坡地茶园道路网可以设计“S”形，有利于运输工具使用。

3. 茶园排蓄水系统的设置

茶园排蓄水系统应该做到能蓄能排，尽量避免水土流失。排蓄水系统包括渠道、主沟、支沟、隔离沟。渠道具有引水进园、蓄水防冲和排除径流的作用，平地或缓坡地茶园的渠道可以沿干道和支道设置，其深度和宽度视降水量和排水量而定。主沟是茶园连接渠道和横排（蓄）水沟的纵沟，平地茶园的主沟可以沿干道或支道平行设置，坡地茶园可以采取主沟与支道相结合设置。支沟是与主沟连接的横向排（灌）水沟的纵沟，平地或缓坡地茶园可以沿步道设置，山地茶园与主沟斜交，与茶行平行。隔离沟设置在茶园上方与林地交界处，起到阻止林木根系伸入茶园，拦截山林洪水，防止水土流失、冲毁茶园的作用。隔离沟要沿等高线开设，一般沟深 0.5～1.0m，沟宽 0.4～0.6m，隔离沟两端与自然山箐相通。

4. 防护林、遮阴林设置

有机茶园种植区与常规农业区之间必须要有隔离带，以防止常规农业区喷洒农药带来间接污染，隔离带以山体、河流、自然植被和人工造林较为理想，隔离带宽度不得低于 10m。在茶园周边及茶园内科学合理布置带状或网状防护林带，可以调节茶园的小气候，有效降低夏季茶园的光照度，提高空气湿度，为幼龄茶树生长发育创造良好的生态环境。在茶区和茶园周围及道路、水沟两旁种植防护林和行道树，要科学规划种植品种，可选择枝叶茂盛、有经济价值的速生树种，如樟树、杜仲、板栗、核桃、山鸡椒、油桐、杉树等。在茶园中种植遮阴树，可选择树种矮小的速生经济树种，如柚、李子、柑橘、柿等，每亩种植 5～8 株，使整个茶区园林化，形成不同层次的主体结构和复合生态系统。

（二）无公害茶园园地规划

新茶园建设时，为满足无公害茶叶生产需求，要认真做好选址工作，尽可能远离工厂、公路主干道扬尘等污染源，以避免对茶叶生长造成污染。针对不符合优质高效无公害茶叶生产要求的老茶园，要认真做好改造工作，以提升其茶叶产量和质量。

1. 园地选择及开挖

无公害茶园园地规划应注意以下两点技术要求。

（1）园地选择技术要求。适宜茶树生长、土地集中连片的田、土、非林业规划用地的酸性土壤（pH 为 4.5～6.5），土层厚度达 1m 以上，相对集中连片 100 亩以上，海拔 800～1200m，坡度 25° 以内。

（2）园地开挖技术要求。①对于熟田熟土在耕种的且土坎不适宜倒坎的园地，可用旋耕机开挖，开挖深度要达到 30cm 以上，开挖后要平整土地；②对于荒山和多年撂荒地，用挖掘机开挖，深度要达到 50cm 以上，开挖后要平整土地；③对于田边土坎适宜倒坎的必须用挖掘机倒坎为缓坡；④清除杂草、树根及其他杂物。

2. 茶园规划

有机茶园规划要从茶行布局、道路布局和排灌布局 3 个方面入手。

（1）茶行布局规划：要求横山布置，要求等高定植为直行或随山等高布行。

（2）道路布局规划：为了便于农用物资的运输和机械作业，要在茶园设立主干道、生产道和人行步道。主干道直接与茶厂或公路相连，路面宽 4～6m。主干道与生产道相连，一般宽 3～3.5m。生产道与人行步道相连，一般宽 1.5m，茶行长度不超过 50m，茶园小区面积不超过 10 亩。

（3）排灌布局规划：平地茶园或缓坡茶园的排灌系统可沿主干道和支道平行设置，深度和宽度视地形、排水量而定，一般深 50～70cm、宽 30～50cm。在茶园上方与山林交界处横向设置隔离沟，以隔绝雨水径流，一般以深 50～100cm、宽 40～50cm 为宜，每 2～3 亩茶园修建 1 个 $1m^3$ 大小的水窖，对平地圧要开排水沟，以确保茶园不被水涝和冲刷。

第五节　茶园园地开垦

茶园园地开垦的目的是给茶树生长创造良好的土壤环境，主要内容是清除园地中的障碍物，深翻熟化土壤及调整地形。根据平地茶园和山地茶园的不同特点，开垦要求有所不同。山地茶园包括缓坡地茶园和陡坡地茶园。缓坡地是指坡度为 5°～15° 的丘陵地或山脚地，缓坡地茶园的开垦可按照平地茶园初次开垦和再次开垦的规格要求进行，但是由于地形比平地复杂，在设置路网与排蓄水沟时要注意水土保持。陡坡地是指坡度为 15°～25° 的山坡，开垦时应建成水平梯级茶园。

一、生态茶园园地开垦

根据不同坡度和地形，选择适宜的开垦时期、开垦方法和施工技术。坡度在 15° 以下的缓坡地实行全垦或等高开垦；坡度在 15° 以上的坡地实施梯带状建园。实施梯带状建园时应对土壤表层肥泥进行集中保存，梯带建成后将肥泥铺盖在梯带面并进行垦土。开垦前要事先清理地面上的零星树木、灌木、乱石及土堆等，随后进行初垦，初垦深度在 50cm 以上，同时要保证除尽杂草、树根等。种植前还须进行 1 次复垦来全面清理地面，复垦深度保持在30cm以上。从长远发展的利益角度出发，局部凹凸不平的茶园应进行改造平整。

二、有机茶园园地开垦

茶园开垦的任务是清除地面障碍物、调整地形、深翻改土，为茶树正常生长创造良好的条件。茶园的开垦要按照总体规划的设计方案进行，园地开垦前要清理地面的树木、杂草、土堆、乱石等，进行土地平整。不宜开垦种茶的地块要保留植被或人工植树造林，提高植被覆盖率。应根据山地的坡度，开成平地、缓坡或水平梯层茶园等不同类型。坡度15°及以下的缓坡地等高开垦；坡度15°以上的陡坡地建筑等高梯台，开垦水平梯级茶园，梯台宽度1.5m以上，深垦60cm，梯台要平整，外高内低。有机茶园应选择在坡度小于15°、酸性土壤、土层深厚及园地集中的区域。在开展有机茶园开垦工作前，工作人员应清理有机茶园内的杂物。此外，工作人员必须做好回填沟土及施底肥的工作，做好梯壁的养护工作。若茶园地块有硬盘层，须进行打破处理。

按茶园所在地地形地势，围绕茶树生长特点和茶叶生产要求，进行茶带开垦，开垦带宽为1.2～1.5m，开垦过程中尽量保护原有植被，保留原生树林，做到山顶“戴帽”，山腰间林。首次开垦的深度要在50cm以上，第2次开垦深度则要大于40cm。茶带开垦以后再挖种植沟，深度为50m，宽度为60cm，杂草及表土回沟。在冬季及夏季要实施抽槽、换土、深耕翻土；在早春时节，应施用有机肥，以实现改良有机茶园土壤的根本目的，每亩施2000～3000kg经无害化处理的有机肥，或经认证的商品有机肥200～300kg、钙镁磷肥150kg作为茶园底肥。底肥施用后及时回土，回土层必须高于种植沟深2cm以上，防止沟面土层下沉积水，影响茶苗移栽。

三、无公害茶园园地开垦

对于无公害茶叶来说，茶树栽培应先做好茶园建设工作，茶园开垦与茶树种植是茶园建设的重要基础。这些工作直接关系到无公害茶叶能否实现优质生产和高产，能否保证无公害茶叶的无污染，以及确保无公害茶叶取得高收益。因此，在无公害茶园建设之初就应全面落实无公害茶树栽培种植的相关规划，为后期栽培与茶叶生长奠定良好的基础。与此同时，在前期开垦无公害茶园时，需要分别从坡度、地形等不同条件入手，充分做好水土保持工作，尽可能地选择合适的技术与栽培方法，选择适宜的栽培种植期。

在正常情况下，无公害茶园的开垦深度应控制在 50cm 左右，同时要尽可能选择在 15° 以下的缓坡地或平地开展无公害茶园开垦与栽培工作。如果无公害茶园园地的坡度超过 15°，则需要建成高梯级茶园，开垦的无公害茶园内侧梯面宽度控制在 1.5～3.0m。同时，要在无公害茶园周围设置隔离带。在栽培种植无公害茶叶过程中，最好选择单行条栽定植或双行条栽定植两种方式。对于单行条栽定植，正常情况下定植行距为 150cm、穴距为 33cm，种植密度为 60 000 株/hm^2；对于双行条栽定植，一般情况下大行距为 150cm、小行距为 30cm、穴距为 30cm，种植密度为 75 000 株/hm^2。对于坡度小、气温高和坡度大、气温低的地区，可分别使用稀式种植和密式种植两种方式。如果所选择的地块土壤肥力相对较差，建议使用稀式种植方式。需要注意的是，在栽培种植无公害茶叶前，先要对所选地块做开沟处理，尽可能将实际沟深控制在 30cm 左右，并施加足量的底肥。在施加肥料时，最好选择有机肥或含有一定量矿物源的肥料，施加剂量一般以 3000kg/hm^2 为宜。

第六节　茶园良种选择

山区茶树在种植前，做好选种工作至关重要，选用良种是保证茶叶产量和质量的关键。在茶树品种选择时，茶农要遵循因地制宜的原则，综合考虑气候状况、水文状况、土壤状况、市场需求、病虫害发生规律等多方面的因素进行科学合理的选种，优选经过农业部门认定的优良茶树品种，确保所选品种具备较强的抗病性、抗逆性，同时还要具有优质高产的特征。要确保茶苗符合国家检疫标准，并科学搭配早芽、中芽、迟芽种的苗木，错开采茶高峰期，提高茶叶产量和效益。

一、生态茶园良种选择

建议选择抗性强的良种，同时规范落实合理密植、适时采摘及适当修剪树冠等措施，防止病虫害的发生。根据茶园所在地的水土特点有针对性地选取适合当地种植环境条件的茶树品种，结合生产需求考虑品种搭配，严禁使用基因改良后的种子与种苗。茶苗与种子的采购引进须遵循国家检验检疫标准，最佳种植时间为早春与秋季。

1. 品种选择

优先选择适合当地气候条件、土壤类型和与所制茶类相适宜且具有产量高、品质好、抗逆性强等特点的无性系优良品种。

2. 苗木选择

所选茶树苗木应符合的质量标准见表 3-1，低于Ⅱ级的苗木不宜采用。出圃苗木应附检验合格证书和苗木标签。

表 3-1 生态茶园所选茶树苗木的质量标准

级别	叶种	苗龄	苗高/cm	茎粗/mm	侧根数/根	品种纯度/%
I 级苗	大叶	一年生	≥30	≥4.0	≥3	100
	中小叶	一年生	≥30	≥3.0	≥3	100
II 级苗	大叶	一年生	≥25	≥2.5	≥2	100
	中小叶	一年生	≥20	≥2.0	≥2	100

3. 苗木调运

调运前应按国家有关规定对所需调运的苗木进行检疫，对于符合条件的苗木出具检疫合格证或相关有效证明，调运时应持植物检疫证书。

二、有机茶园良种选择

在有机茶园建设过程中，茶树品种选择是否恰当对茶叶品质和产量有着直接影响。茶树品种选择过程中应该综合考虑当地的土壤条件、气候条件等因素。有机茶园的茶树品种选择应遵循以下几个原则。首先，要选择适应性、抗逆性强的良种，这是减少茶园病虫害和降低自然灾害影响、提高茶叶品质、增加经济效益的前提条件。一般宜选择高优型、高抗性良种。其次，要根据当地气候条件与适制的茶类选择茶树品种，以满足制茶需要。再次，早、中、晚芽品种要合理搭配种植，以调节采茶高峰期，从而有利于劳动力的合理安排和制茶设备的配置，保证茶叶产量和品质。最后，有机茶园建设过程中所选茶树品种应适应当地的环境条件，选择优良种园地所培育的具有发芽早、产量高、品质好、抗性强等特性的茶树苗。

三、无公害茶园良种选择

建立无公害及优质、高效茶园，除了园址选择和加强土壤管理外，选用优良的茶树品种也十分重要，选择茶树良种是确保无公害茶树实现优质、高效的重要条件之一。在栽培无公害茶树时，需要从无公害茶树栽培所需的机械、劳动力和茶树栽培种植类型出发，尽量选择耐瘠薄、产量高及品质好的无公害茶树良种进行栽培，栽培过程中充分做好无公害茶树良种苗木的质量检测与检疫工作。同时，密切关注苗木的总体长势，以栽培苗高 20cm 以上的苗木为主，这是提高苗木成活率的先决条件。

目前，我国有很多优良茶树品种，其中全国茶树良种委员会审核认证通过的无公害茶树优良品种多达 77 个，再加上后继各省陆续审定的碧云、普洱、劲峰等，全国无公害茶树的优良品种已超过 120 个。在无公害茶树栽培期间，应遵循因地制宜的原则，结合当地环境、水文、病虫害流行趋势、市场需求等诸多方面的因素进行合理化选种，确保所选择的品种具备较强的抗逆性和抗病性，优选经过当地农业部门审定的品种，同时要科学搭配早芽、中芽、迟芽的苗木，这样一方面既能够错开无公害茶叶采摘高峰期，另一方面又能有效解决无公害茶树栽培、种植和生产过程中劳动力不足的问题。例如，在无公害茶树栽培中，可适当将适宜栽培的红茶品种和普洱茶品种相互搭配，有效提升无公害茶叶整体生产效益，进一步提高茶叶种植单位对无公害茶叶市场的应变能力。

第七节　茶园茶树种植

一、生态茶园茶树种植

在山区种植茶叶时，处于地势较高风口的茶园要做到深垦浅种，处于低洼位置的茶园要做到浅垦浅种。此外，还要认真做好查苗补苗工作，如发现存在缺苗现象，则须及时补栽，以达到齐苗壮苗的目的。植苗前对茶苗根部板结黄泥进行浸洗，剪掉距根颈部 20cm 以上部分，苗高要求 20cm 以上，合理密植。植苗后先要覆土压实，然后灌定根水或覆盖草料保湿，提高茶苗成活率。

1. 定植要求

茶树定植前，应先开沟施基肥，提高土壤养分含量，保证茶树成活率。每亩施有机肥（如菜饼、茶叶专用有机肥等）150～200kg、磷肥 50～100kg，基肥深施 30～40cm 再回土。

2. 移栽时期

应选择在晚秋 11 月或早春 2～3 月初进行移栽。为保证茶树成活率，要控制好栽植时间，规模小、萌芽较晚的茶树在春季种植为宜；规模大、萌芽较早的茶树在秋季霜降后种植为宜。

3. 种植方式

种植方式多采用单行条植和双行条植两种方式。单行条植的规格为行距 150cm、穴距 30cm，每穴植茶苗 2～3 株，植苗深度为 5～8cm。双行条植的规格为大行距 150cm、小行距 40cm、穴距 30cm。每穴植茶苗 2～3 株，植苗深度为 5～8cm。

二、有机茶园茶树种植

1. 品类选择

有机茶园茶树种植应结合具体有机茶产品规划情况，尽可能地选择无性系的优良苗木。生产青茶首选芽叶肥厚、产量高的茶树品类，如铁观音、黄旦、本山茶、毛蟹、梅占及大叶乌龙等。生产扁形绿茶首选芽叶肥厚、茸毛少、发芽早、芽长于叶及产量高的茶树品类，如安吉白茶、中茶 108、龙井长叶等。生产毛尖绿茶首选发芽早、茸毛较多、产量高的茶树品种，如福鼎大白茶、白毫早、翠峰等。绿茶及红茶兼制的地方优先选择福鼎大白茶、迎霜、安徽 7 号等。

2. 茶苗栽植

在茶苗栽植前，茶园应施足基肥，使用豆粕、花生麸、菜籽饼等有机肥料，禁止使用碳铵、尿素等化学肥料。于秋冬季或早春进行栽植，适当密植，如有缺丛现象要及时补植，补植后浇 1～2 次定根水，并适时增施有机肥，使补植苗尽早赶上早植茶树。

3. 栽培规格

为实现有机茶园的机械化操作，茶树的种植应按照双行双株模式完成栽培。一般大行距为 150cm、小行距为 40cm、穴距为 30cm。

4. 栽培方式

有机茶树栽培应遵循快运快栽、及时移栽、及时起苗的原则。对当日无法完成栽培的茶树，应对其进行假植处理。在茶树栽培过程中，要带土球移栽。茶树栽植前要施好基肥。栽植过程中应浅栽深耕，保证有机茶树根系能够全面舒展，然后进行踏实处理。按照株高 15～18cm 的规格进行定植，并浇透定植水。

三、无公害茶园茶树种植

1. 画线定位

平地茶园要从地块最长的 1 块开始，离园边 50～100cm 画出第 1 条种植线作为基线，以后按种植方式依次画出其他种植线。缓坡茶园要在横坡最宽的地方按等高画线，环山而过，遇陡断行，遇缓加行。梯田茶园要沿梯边等距画线，基线距梯边 50～100cm，由外向内定线，最后 1 行离山边隔离沟 50～100cm，遇宽加行，遇窄断行。

2. 挖种植沟

在种植茶树的过程中，可通过开垦垄沟，采用轮番种植的方式，达到促进茶树丰产的目的。翻犁后的熟土按画好的种植线挖种植沟，种植沟的深×宽为 50cm×60cm，表土取出放在沟的一边，心土取出在放沟的另一边，如施农家肥，用心土覆盖；如不施底肥，则先把表土回沟，再用心土覆盖到距沟口 10cm 处，破碎土块。

3. 茶苗移栽

茶苗移栽的最佳时期是茶苗地上部处于休眠时或雨季来临前，此时移栽容易成活。移栽时一定要考虑当时的气候条件、土壤墒情和灌溉水源。移栽质量与茶苗成活率关系密切，也关系到成园时间和以后的产量，必须高度重视，精心实施。茶树种植前须挖掘种植沟并施加充足的底肥，底肥以腐熟农家肥、饼肥、茶树专用肥等为主，以满足茶叶绿色无公害种植的需求，同时也满足茶树生长对于肥料的需求。栽植前先打好 10～15cm 深的栽植窝，栽植时一手轻提茶苗，使茶苗根系处于自然状态，另一只手用细土覆盖苗根，覆盖好后将茶苗轻轻向上提，使茶苗根系自然舒展，用力将泥土压紧，再覆土，再压紧，层层压实，使苗根与土壤紧密结合（不能上紧下松），后浇足定根水，待水渗下再覆土到比茶苗原入土痕迹高 6.5cm 左右，覆成小沟形，以便下次淋水和接纳雨水。移栽后及时修剪，一般主干留 15～18cm 高，防止蒸发失水过多，以利茶苗成活和苗齐。

4. 种植密度

在种植过程中，最好选择单行条植或双行条植。采用单行条栽法时，种植行距为 150cm、穴距为 30～35cm，每丛定植茶苗两株。采用双行条栽法种植时，大小行距分别为 200cm 和 35cm，穴距均为 30～35cm。按宽行套窄行开种植行，在梯土、平缓坡地宽行行距为 150～167cm，窄行行距为 33～40cm，穴距为 27～33cm。采用双行单株种植方式，种植密度为 4.5 万～5.25 万株/hm^2。

5. 保苗措施

茶苗移栽后，当年的小苗抗性较差，应充分做好保苗措施。保苗主要抓好浇水抗旱（使根部附近的土壤保持湿润状态）、遮阳防晒、根际覆盖三大措施。做好除草、助苗、浅耕培土、适时追肥等工作，确保茶苗更好地成活。茶苗成活率越高，成园越快，缺株断行少，园相好，产量和效益也就越高。

第八节　高效茶园建设实用技术

一、选址

茶园园地的选择须精心考虑，尽量避开交通要道、都市及工业区，要选择土壤未受污染、生态环境良好、空气清新、水质纯净、符合茶树生长需求的山地或平地。茶园园地的土壤、空气及水质等须达标，才能够为茶树的生长提供良好的物质基础。

二、选种

建议选择抗性强的茶树良种，同时规范落实合理密植、适时采摘及适当修剪树冠等措施，防止病虫害的发生，减轻其危害程度。

三、茶园规划

（一）修建符合保水、保肥、保土标准的茶园

合理规划园、林、水、路。茶园须建成等高梯田，园地土壤要土层深厚，园面设计呈外高内低。内侧开设蓄水沟，在山顶及山凹须修建排水沟，排水沟与蓄水沟的连接处挖积沙坑，做到中雨与小雨水不出园、暴雨与大雨积沙走水不冲园。有条件的区域，鼓励建设喷灌与流灌等水利系统，健全水利设施。加强茶园道路建设，根据茶园的面积大小，合理设置机耕路与步行道等。做好路面硬化工作，确保园内的道路畅通、便捷与安全。

（二）建立人工复合生态茶园

在茶园的有害性风口、地形最高处和外围合理设置防护林，主林带种植 3 行高大常绿乔木，乔木两侧种植 3 行灌木。山顶密植防护林，每行隔 4～5m 种植 1 株。在园内的水沟和道路两旁种植行道树，每隔 7～8m 种植 1 株。推广带状退茶还林模式，在茶山纵向隔 20～30m 处，选择 2～3 梯台种植宽 3～4m 的林带。行道树中可套种遮阴树，合理把控遮阴树与行道树的品种。实行“茶-林-绿肥”的复合栽培模式，实现树、草、肥、水、路的有机结合，促使梯壁牢固、梯层整齐及水土保持良好的茶园生态模式尽快成型。

（三）梯壁种草护坡

除恶性杂草外，尽量保留梯壁的原有杂草，达到改良土壤、保持水土及覆盖地表等目的。原有杂草作为天敌的栖息场所，可进一步优化茶园的生态环境。转变以往的除草剂除草和梯壁锄草操作的模式为割草的模式，割下的草覆盖或深埋茶园行间。裸露的茶园梯壁种植遍地黄金、黄花菜及穗序木蓝等多年生绿肥覆盖梯壁。

（四）园间套种绿肥

在幼龄茶园或未封行的茶园行间套种一年生豆科绿肥，可以起到减少水土流失与土壤水分蒸发等作用。种植的绿肥可作为肥料或饲料，贯彻落实循环利用与可持续发展的理念。园间还可套种印度豇豆、黄豆、花生和马铃薯等作物，根据茶园类型和茶树品种合理选择适宜的绿肥物种，绿肥选择以不影响茶树生长为宜。幼龄茶园套种与使用绿肥，可达到节约成本和以园养园等目的。1 年生或 2 年生的茶园可选用高产型绿肥，3 年生或 4 年生的茶园可选用矮秆绿肥。套种的绿肥作物须规范落实割青埋压或作为覆盖物铺于茶树茎秆周围等工作，以确保茶树的正常生长。

第四章

山地特色高效茶园管理

第一节　茶园主要管理内容

茶园管理是茶叶生产的重要环节，是提高茶叶产量、质量和经济效益的基础。良种新茶园建立以后，要使茶树苗壮成长、根深叶茂，关键在于要全面落实茶园管理技术措施，每年进行经常性的管理工作。根据茶树各个生长发育阶段对外界环境条件的不同要求，采取适当措施，不断改善茶园土壤和环境条件，以及茶树本身，使茶树内因和外因互相适应，以达到速生、高产、持续增产的目的。茶园管理主要包括土壤管理、水分管理、施肥管理、修剪管理和病虫草害防治管理等5个方面[13]。

一、抓好茶园除草、松土

对于去冬今春新开发的茶园，除草须遵循"除早除小"的原则，近茶苗周边的杂草要手动拔除，除草时结合1～2次松土，松土时不能影响茶苗根系，防止其松动，以免造成死苗；对于采摘茶园每年应全面进行1次除草工作，以减少害虫的栖息场所。

二、抓好茶园防涝、抗旱

对于积水易造成涝害的基地，特别是育苗基地，要及时做好清沟排水等防涝工作，防止茶树根系腐烂造成死苗；对于山地茶园特别是砂砾土壤的茶园，则要做好抗旱保苗工作，如就地利用杂草、柴叶及其他可利用的铺草原料对新开发茶园进行铺草或者引水灌溉。

三、抓好茶园施肥

科学施肥是优化茶园管理技术的重要环节之一。茶园施肥要遵循“一基三追肥”的原则，在全年茶季结束时（9～11 月）施用 1 次基肥，并对春茶、夏茶、秋茶进行追肥。春季和夏季是茶叶的主要生长时期，此时施肥可以促进茶树生长发育。施肥时应合理选择施肥方式，其中沟施是一种常见的施肥方式，可以避免肥料伤害叶片和嫩芽，促进茶树根系对养分的吸收。施肥时要根据茶树生长情况和土壤状况，选择适宜的施肥深度和距离，确保茶树能够充分吸收养分。

四、做好病虫害草防治

茶园病虫害主要有小绿叶蝉、茶叶螨类、茶毛虫、茶炭疽病等。病虫害防治遵循“预防为主，综合治理”的植保方针，普及推广应用高效、低毒、低残留、环保、节能、减排的新型农药，尽量杜绝使用化学农药和化学除草剂，采用农业、物理、生物措施，以及与某些生态农业允许使用的天然化合物相结合的手段综合防治茶园病虫草害。

五、做好茶树修剪

茶树修剪的目的如下：一是解除顶端优势，促进地上部营养再分配，促使腋芽侧枝萌发抽生，调整分枝的部位和角度，使茶蓬扩大，育成宽阔的采摘面；二是把茶蓬控制在适宜的高度；三是对衰老的枝条进行复壮；四是剪除某些遭受病虫害危害的枝叶。

第二节　茶园水分管理

一、生态茶园水分管理

茶树对水分的要求很严格，特别是新种植的茶苗对水分需求更高，新苗种植后的两个月内及伏天高温干旱季节，应根据土地的干旱情况及时浇水；如果遭遇大雨或洪涝，还应加强田间排水，严防茶树发生洪涝致死现象；也可在旱季和雨季来临前，对幼龄茶园行间铺草覆盖和套种绿肥，防止水土流失。

1. 人工灌溉

茶园水分管理过程中应做好人工灌溉工作，这也是生态茶园建成与否的关键举措。在山地生态茶园实施山、水、园、林、路综合建设过程中，重点建立山地蓄水灌溉系统（如园内设置竹节沟、蓄水池、排灌沟渠等），可以起到蓄水、灌水及排水的作用，达到蓄水保水的目的，其中蓄水是关键，排水是应急。也可以在茶园上侧梯坎内部建设浅沟式蓄水沟，为茶园提供足够的水分。

2. 机械节水灌溉

目前，生态茶园使用的灌溉方法主要有喷灌、滴灌、流灌等几种，其中以喷灌最为常见。固定式喷灌系统的管道一般采用埋管方式进行布管，根据地形走势采用不同布局，主管道从下往上纵向布置，两侧是分支管道。一般选用属于中、近射程的喷头，其所消耗的能量较少，喷水性能与茶园所要求的喷灌技术较匹配，喷灌质量较好。灌溉指标：一看天气，气温32℃以上，连续7～10d不下雨，开始喷灌；二看土壤，田间持水量为80%时，新梢生育开始缓慢，降到70%则停止生长，降至50%，茶树受害，因此，当田间持水量为70%时开始喷灌；三看茶树，茶叶失去光泽，尚未发黄，或大量形成对夹叶时，即可喷灌。

二、有机茶园水分管理

茶园排水与茶园灌溉是有机茶园管理的重点。70%～90%的空气相对湿度、60%～90%的土壤含水量是最适宜茶树生长的环境水分指标，水分过多或者水分不足均会影响茶树的各种生命活动，甚至可能导致茶树枯萎、死亡。

1. 蓄水及排水系统的建设和完善

茶树属于常绿乔木，具有怕旱、喜湿、怕涝等习性。有机茶园建设时须充分考虑水利系统的完善性，主要包含排水、保水和供水3个方面。要做到渠坝相连、沟渠相通，实现平时能蓄、旱时能浇、涝时能排的目的。积极完善有机茶园的干渠、水源和支渠灌溉。工作人员须设定好茶园的主沟、支沟和隔离沟。在有机茶园的纵沟中，每隔4～5m挖1个深坑，可充分起到保水蓄肥及沉淀泥沙的作用。

2. 科学用水

有机茶园应全面采用滴灌技术，并根据茶叶生长特点和当地气候条件适时开放滴灌，保证茶树生长对水分的需要，确保能够生产出口感醇厚的茶叶。

三、无公害茶园水分管理

无公害茶园水分管理以保水为主，主要包括在茶园合适位置建设蓄水池，在茶行内侧开竹节式蓄水沟，茶园种植绿肥，增加植被覆盖率及利用稻草、麦草、玉米秸秆等进行铺盖，茶园铺草覆盖等措施，以减少水分蒸发，涵养水分，增加茶园湿度。

1. 科学选择灌溉水源

在茶树种植的过程中，应根据茶树的种植面积合理选择水源，以保障茶树生长周期内的用水需求。茶树所用水源应经过权威部门的严格检测，其水质要求符合《地表水环境质量标准》（GB 3838—2002），以避免水源受到污染，进而影响茶树生长；同时，种植人员还应采用合理的灌溉方式，在节水灌溉的基础上，尽可能满足茶树的用水需求。

2. 灌水排水

茶树生长离不开水的支撑，水分不足或过多均会影响茶树生长，因此做好灌水排水工作非常重要。一般情况下，在茶树生长时将土壤含水量保持在 75%～80%为宜。茶农应结合降雨情况及时进行灌水或排水。长期无降雨时，应及时采用沟灌、喷灌等节水技术进行灌溉，在减少水源浪费的同时，满足茶树生长需水量。无公害茶园的灌溉方式、灌水时期应根据天气、土壤、茶树生长状况等因素综合考虑来确定。人们在长期的生产实践中总结出了“看天、看树”的简便方法，“看天”是指高温季节连续 7～10d 不下雨就应着手灌溉。“看树”是指如果晴天早晨茶树叶片上无露珠，中午茶树叶片在阳光下失去光泽，表明茶园已严重缺水，应及时灌溉。相反地，降雨前要及时挖掘排水沟，并保证其畅通性。降雨后如果发现茶园内有积水，须及时进行排水，以免引发涝灾，影响茶树生长。

第三节　茶园土壤管理

一、生态茶园土壤管理

在生态茶园建设中，土壤条件直接影响茶树的生长发育与茶叶品质。土壤是生态茶园生产的基础，保水、保土和土壤培肥是生态茶园土壤管理的中心环节。生态茶园的土壤管理重点是防止水土流失，开展茶园铺草、套种绿肥等方法都是抑制水土流失的有效方法。茶园铺草应从幼龄茶园开始，在旱季和雨季来临前进行。茶园铺草不仅可以防寒防旱、有效增加土壤中的有机质和微生物含量，实现抗寒、抗旱目的，还能有效避免水土流失和抑制杂草滋生。此外，合理耕作也是茶园土壤科学管理的重要内容之一，它能够使土壤得到有效疏松，增加土壤中的微生物含量，以及提高其活性，加大土壤孔隙度，加速土壤熟化，以利于茶树根系的生长和更新发育。茶园还可以通过放养蚯蚓来疏松土壤，增加土壤孔隙度，改良土壤结构，促进茶树根系生长。

（一）套种绿肥或茶园铺草覆盖

生态茶园避免出现水土流失现象的最佳的方式是在茶园内套种绿肥，或者行间铺草覆盖。夏季高温季节和冬季用作物秸秆、稻草或杂草进行茶树行间覆盖，能够改善茶园土壤的理化性质，调节茶园土壤温度，减少水分流失，做到夏季降温增湿，冬季御寒保墒，避免茶园出现冻害，防止杂草生长。此外，覆盖物腐烂过程中分解的有机质还可以增加土壤有机质含量，增强土壤肥力，从而提升茶叶品质。

（二）合理控制生态茶园的耕作深度

通常而言，生态茶园深耕的深度控制在25～30cm为宜，主要在秋冬季茶叶生产结束后开展此项工作，可结合清园埋压杂草和施有机肥进行；中耕的深度控制在15～20cm为宜，每年2～4次，一般在各季茶叶萌发后开展此项工作，可结合各季的锄草与追肥进行；浅耕的深度控制在10～15cm为宜，可选择在各季除草、施肥的时节开展此项工作，幼龄茶园要注重浅耕。通过中耕及深耕的方式，可疏松土壤，保证土壤微生物生长良好，使嫩叶茶树植株具备较强的吸肥能力及吸水性，促进茶树新叶与根系的萌发和生长。

二、有机茶园土壤管理

有机茶园土壤管理应依据茶树生长特点来开展。一是在1～3年生的幼龄茶园中进行定型修剪、浅耕除草、间种绿肥、适时浇水，并通过在地面增加覆盖物，来确保茶树能够实现健康生长。二是在成龄采摘茶园中进行整形复壮修剪、深耕客土、梯壁留草、以草代肥，增加土壤有机质含量，是促进增产提质和改土培肥的有效途径。三是在雨季来临之前或秋冬季施基肥后，对土壤实行松土处理，用无污染的落叶、杂草、稻草、作物秸秆和绿肥等覆盖土壤，达到保水、保土、保肥，夏天保水防旱，冬天保温防冻的效果。四是在有机茶园种植过程中，不得使用化学类增效剂、除草剂和土壤改良剂。同时，有机茶园管理者应注重对茶园内排水系统进行合理规划，保证能够较好地进行蓄水及排水，提升有机茶园发展活力，确保茶树实现健康生长，使有机茶园获得更为理想的经济效益。

（一）茶园行间铺草

有机茶园行间铺草是防止水土流失、减少茶园杂草最为有效的方法。行间铺草应从幼龄茶园开始，整年都可以进行，以防旱保水为目的的行间铺草可在春茶后进行；以防寒抗冻为目的的行间铺草宜在7～8月进行。前者在当年秋冬季深埋，后者在来年秋冬季深埋。草源可因地制宜，可就地取材，也可选用稻草、杂草、秸秆等，每亩茶园全面铺草需鲜草1500～3000kg，厚度10cm左右。

（二）茶园耕作除草

有机茶园不能使用除草剂，只能采取人工除草。每年进行3～4次耕作除草，以疏松土壤，促进微生物活动，加速土壤熟化，以利于茶树根系的生长和更新。一般春茶前进行1次浅耕，深10～15cm；春茶后进行1次浅耕，深10cm左右；夏茶后进行1次浅耕，深7～8cm。秋、冬季要结合茶园施基肥，进行1次深耕，深20～30cm，把覆盖的草料深埋土中。耕作时要坚持“行间深、冠内浅”的原则，尽量做到不伤根或少伤根。

（三）茶园放养蚯蚓

首先进行蚯蚓培养，即在茶园地边挖1条长3.0～4.0m、宽1.0～1.5m、深30～40cm的坑，底部铺上1层10cm厚的肥土，再堆上1层已经腐熟的枯枝落叶、厩肥等作为蚯蚓的食料，做成蚯蚓床，然后接种上蚯蚓，每平方米30～50条，再铺10～15cm厚肥土，每天浇水使蚯蚓床保持湿润，数月后蚯蚓即可大量繁殖。然后，在茶园行间开1条长30cm、宽30cm的放养沟，沟中铺放堆沤肥、枯枝落叶、稻草、杂草、表土等，拌和均匀，挖出培养的蚯蚓及其粪便，分撒到放养沟中，盖土浇水，让蚯蚓自然生长繁殖。每年检查 1 次蚯蚓生长情况并添加蚯蚓食料，通过蚯蚓放养可以疏松茶园土壤，增加土壤孔隙度，促进茶树根系生长。

三、无公害茶园土壤管理

对于常规种植的 1～3 年生幼龄茶园，春季在行间深松土壤后种植豆科绿肥或饲料作物，可达到培肥地力的目的。适当的耕作可以使土壤变得松软，增加土壤孔隙度，提高土壤熟化程度和耕作层厚度。与此同时，耕作还可以将肥沃的土壤表层翻到下层，从而为根系提供更充足的养分。另外，土壤下层贫瘠的土壤被翻到上层后，经过长时间的自然作用也会转变为活土。冬季茶园进行土壤深耕、锄草并以秸秆、草料、栏肥等有机物覆盖土表或深埋于土中，可大幅改善土壤理化性状与土壤环境，培育土壤生物，增加土壤生物活性，提高土壤有机质含量。对于土壤肥沃松软、无杂草、树冠覆盖率高的茶园，应实行减耕或免耕。提倡使用生物（如蚯蚓等）来改善土壤结构，提高土壤肥力。

（一）土壤浅耕

通过浅耕可以适当地疏松茶园表层土壤，改善土壤通气状况，也可以清除茶园中的杂草，消灭害虫，切断土壤毛细管，减少水分蒸发。一般浅耕每年进行两次，即春茶采摘后及夏茶采摘后进行，耕作深度为 5～10cm。

（二）土壤深耕

通过深耕，可以疏松深层的土壤，进而提高土壤的孔隙度，提升土壤的蓄水能力和供水供肥能力。深耕要伴随着有机肥的施用而进行，这样可以在短时间内达到熟化土壤、肥沃土壤的作用。深耕可以显著提升土壤肥力，深耕往往在每年的10月或11月进行，一般幼龄茶园每半年深耕1次，成龄茶园每隔1年深耕1次。幼年树深耕以不伤根系为关键，结合施基肥进行，有利于改良土壤，促进茶树根系向下生长，加快成园进度。成龄茶园的深耕对于土壤改良熟化作用较强，深耕以15～25cm为宜。

（三）土壤深翻

对较老的茶园进行深翻改土，需要在全年茶季结束后进行，在行间开挖1条宽50～60cm、深50cm左右的深沟，然后将表土回填沟底，在回填到沟深一半时，施用有机肥，如土杂肥、厩肥及堆肥等，并加入一定量磷肥，施肥后新土盖在表面，让其熟化，深翻应隔行进行，以免伤及过多的根系，影响第二年春茶生产。

（四）茶园耕作注意事项

茶园耕作后应平整均匀，防止茶树根系外露，耕作时应选晴天或雨后土壤稍干时进行，土壤过干或过湿不仅费工费时，还会破坏土壤结构，一般以土壤不沾农具、不成团为宜。

第四节　茶园施肥管理

一、生态茶园施肥管理

施肥管理是生态茶园种植管理的关键，科学合理地施肥是确保茶叶品质的重要影响因素，也是实现建设生态茶园的保证。根据不同阶段茶树对营养物质的需求特点，在施肥的过程中应注意各种不同类型肥料的搭配使用。对于幼龄茶树来说，应着重培养茶树的骨架，促进其根系生长。在幼龄茶树施肥过程中，氮肥、磷肥和钾肥为主要肥源。对于成龄茶树来说，其茶叶产量较高。为了进一步提升茶树鲜叶产量，延长高产年限，抑制生殖生长，应该对成龄茶树增加氮肥的施用量，同时注意搭配适量钾肥和磷肥。对于已经进入衰老期的茶树来说，其生长趋势已经逐步走向衰退，年产量逐步下降，此时再施氮肥的效果已不明显，需要采取重剪措施对进入衰老期的茶树进行深耕改造，重新培育树冠，让其生长出更多新根，因此施肥应该以磷肥和钾肥为主，配合少量氮肥。

生态茶园还应重视施有机肥，合理搭配有机肥和无机肥；重视基础肥，平时追肥做好补充；重视冬季施肥，夏季施肥做好冬肥的补充；重视氮肥，做好氮肥、磷肥、钾肥相结合；重视根肥，做好根肥与叶面肥相结合。施肥时期与施肥量可基于土壤肥力、茶树的品种特性及生长情况等来确定。若土壤的肥力不够，可基于茶叶的实际生长情况来合理配置养料与肥料，尤其是要适当施加磷肥、氮肥、钾肥、生物菌肥、复合肥等。底肥推荐采用农家肥，化肥则作为辅助肥料，此外还要注意同时配合施用其他肥料。值得注意的是，施加的有机肥绝对不能出现重金属元素含量超标的现象。

（一）提高春、秋季追肥比例

根据茶树生长特性，一年中以春、秋茶质量为最好，所以应提高春、秋茶的追肥比例。在施足基肥的基础上，春、夏、秋季追肥的比例应为3.5∶1.5∶3.5，春季和秋季的施肥量占全年施肥量的70%左右。

（二）实行配方施肥

氮、磷、钾是茶树生长的三大营养要素，对于镁、锌等微量元素，茶树虽然需要量极少，但若缺乏将影响茶树的生长和鲜叶品质，因此有条件的茶区可进行土壤配方施肥。幼龄茶树以培养壮、宽、茂、密的树冠为主，要适当提高磷肥、钾肥施用比例。不同树龄的茶园其氮肥、磷肥、钾肥施用比例也不同，一、二年生茶树的茶园施用比例为2∶3∶3，三、四年生茶树的茶园施用比例为2∶1∶1，进入盛产期茶树的茶园施用比例为3∶1∶1。随着树龄的增长，氮肥的施用比例可以适当增加。此外，在施足氮肥、磷肥、钾肥的基础上，还要适当补充镁、锌等微量元素。

（三）施用堆肥

堆肥的原料主要来自动植物残体、排泄物和废弃物等，使用前必须在49～60℃温度条件下堆制发酵处理数周，堆制的过程不仅能杀死有害病菌、虫卵、杂草种子和降解部分农药残留等，防止病虫害的发生，而且还能提高堆肥的肥效。

（四）施用饼肥和生态茶专用肥

各类饼肥和生态茶专用肥的养分含量高，便于运输，这对于交通不便的山区茶园更为有利。商品型生态茶专用肥必须经颁证机构认证或认可后才能在有机茶园使用。除动植物来源的有机肥外，生态茶园也允许使用一些天然的矿产肥料，如磷矿粉、矿产钾盐、白云石粉和矿产硝石等。天然硫黄和一些微量元素肥料，如硫酸铜、硫酸锌、钼酸铵（钠）和硼砂等在缺素条件下也可使用，但微量元素肥料只能作叶面肥进行有限制地喷施。

二、有机茶园施肥管理

有机茶园科学施肥是茶叶质量安全把控的关键。有机茶园内部禁止使用人工化学合成的各种化肥、复合肥、生长素、城市垃圾，以及含有有毒有害物质的工业垃圾。在茶园内部允许使用经过无害化处理或堆积发酵完全的有机肥，包括了人畜肥、腐酸类肥料、残渣、绿肥、纯生物技术生产的有机茶叶专用肥，以及经过全面发酵的沼液、沼渣等。每年修剪下来的茶树树枝、种植的绿肥秸秆、清除的杂草全面堆积在土壤表面，可以增加土壤表面的覆盖度，或者通过深翻埋入土壤中作为有机肥料。茶园施肥应坚持以基肥为主，适当追肥。在每年秋季茶树采摘期结束后，沿着茶叶丛边垂直地面开沟，沟深30cm、宽20cm，每亩施用有机茶专用肥料200～300kg，或者施入完全腐熟的农家肥1500～2000kg，施肥之后立即覆盖土壤。茶树追肥一般在每年的3月和8月进行，在茶园内部施入充分腐熟和无害化处理的有机肥、人畜肥、沼液、沼渣。

（一）施肥原则

有机茶园施肥管理应严格遵循以下原则。

（1）禁止使用未经腐熟的人粪尿及禽畜粪便。如果一定要使用，必须进行无害化处理，杀灭各类病原菌与寄生虫卵，去除杂草种子等物质，使其符合有机茶园生产规定的卫生标准。

（2）严禁使用各类化学合成性肥料。

（3）有机肥应就地取材、就地使用、就地处理，外来农家肥经检验确定符合要求后方可使用。

（4）提倡茶园间作各类豆科绿肥，有效采用施用草肥和修剪枝叶回园技术。

（5）使用天然矿物肥料时，相关工作人员一定要认真检查与核实矿物肥料主产品及副产品含量水平、原产地、包装运输等情况，确认其为纯天然物质后方可使用。

（6）工作人员须定期对茶园的土壤进行监测，建立有机茶园施肥档案制度。

（二）茶园间作绿肥

绿肥是有机茶园的重要肥源，所选绿肥品种要避免与茶树争肥、争水和争光，尤以固氮能力较强的豆科绿肥为适。有机茶园间作绿肥的主要目的是改善土壤理化性状，提高土壤肥力，促进茶树生长。有机茶园间作绿肥，既要使绿肥高产优质，又要不影响茶树生长，因此，必须合理间作，要因地制宜选好绿肥种类和品种。一、二年生的幼龄茶园多选用矮生或匍匐型绿肥，如紫云英、绿豆、伏花生等；三、四年生的幼龄茶园多选用早熟、矮生的绿肥，如乌豇豆、小绿豆、黑毛豆等；对已封行的成龄茶园则不宜再进行间作绿肥，可充分利用茶园周围的空地进行有机肥生产。茶园间作绿肥要做到适时播种、加强管理、及时收获，收获的对象直接深埋于茶园行间，加速土壤熟化，改善土壤结构，增加土壤有机质；也可作堆沤肥或家禽饲料，增加有机肥来源；还可直接铺于行间，作为铺草的草源。

（三）茶园施肥

有机茶园禁止使用化肥，禁止使用城市垃圾，禁止使用医院的粪便和含有有害物质（如病原微生物、重金属、毒气等）的工业垃圾。人畜粪便、各种饼肥、厩肥、堆沤肥和农副产品下脚料等使用前须经过无害化处理，如通过高温发酵来杀灭各种病原菌、寄生虫卵、杂草种子，去除有害的有机酸和气体，使其达到无害化的卫生标准。商品化有机肥、有机复混肥、叶面肥、微生物肥等须经有机认证机构颁证认可后方可使用。经过无害化处理的有机肥和允许在有机茶园施用的肥料可作基肥，也可作追肥，但主要是用作基肥。有机茶园基肥不仅施用量大，而且还要做到“早、深、好”，所谓“早”就是基肥施用时期适当提早，有利于茶树对养分的吸收和积累，以提高肥料利用率，增强茶树越冬抗寒能力。大部分茶区力争在10月底之前施下基肥。所谓“深”就是要适当深施，诱导根系向深处生长，确保茶树安全越冬，一般要求基肥施到20cm以下土层中。所谓“好”就是基肥的质量要好，既要能改良土壤，又要能缓慢提供茶树养分。所以，有机茶园的基肥多以有机肥为主，并适当掺入一些含氮量高的肥料，如鱼粉、各种饼肥、蝉蛹等。

（四）茶园覆盖以草代肥

有机茶园也可采取茶园覆盖以草代肥的方式，具体应注意以下几个方面。

（1）草肥选择：茶园土壤覆盖草肥可选择山草、麦秸、稻草、豆秸、玉米秸秆、木屑等。

（2）铺草时期：若为防旱，可在旱季来临之前进行铺草；若为保暖防冻，应在土壤冻结之前进行铺草；若为防止水土流失，则可在雨水来临之前进行铺草；若为抑制杂草生长，应在杂草萌芽之前进行铺草；对于新植茶园，应在移栽结束后立即铺草。

（3）铺草方法：厚度要求12cm以上，以铺草后不露土为宜。

三、无公害茶园施肥管理

施肥的目的一方面是为茶树提供充足的营养成分，提高茶叶品质和经济效益；另一方面是尽量避免或减轻施肥对茶园环境造成的不良影响。无公害茶园施肥时，必须从茶树的预产量、土壤理化性质、茶树的长势、制茶类型等多个角度出发，科学决定无公害茶园所要施加肥料的时间、类型、数量及次数等，由此确保无公害茶园能够始终做到平衡施肥，有效防止无公害茶园缺肥或者施肥过量。无公害茶园营养管理应重施基肥，基肥以有机肥为主，肥料应选用经过高温堆制及无害化处理的人粪、畜禽粪便等有机肥料，还可选用充分腐熟的其他有机肥料，如无污染的各类饼肥、绿肥、作物残体、落叶枯草等，以及经过堆制处理的食物和林业副产品。施基肥时应于当年秋季开沟深施，不断补充茶树所需要的营养元素，使土壤矿物质营养平衡，保证茶叶生产的可持续性。也可选用有机肥和无机肥混施，深施时采取茶树行间开沟施的方法。开沟深施时覆土要压实，这样有利于进一步腐熟。

（一）施肥的原则

无公害茶园的施肥管理应遵循以下几个原则。

（1）有机肥与无机肥相结合，重施有机肥。有机肥养分完全、比例协调，可以有效改善土壤理化性状和土壤生物特性，提高土壤肥力，减少养分固定，提高肥料利用率。施用无机肥料则可以满足茶树旺盛生长期对氮、磷、钾等元素的大量需求。

（2）基肥与追肥相结合。基肥以有机肥为主，在秋茶采收结束时结合秋冬深耕施用。追肥要进行多次，追肥时间一般在各季茶叶采收之前。

（3）追肥应以氮肥为主，并与磷肥、钾肥和微量元素肥料相结合。茶树是叶用经济作物，采摘鲜叶带走大量的氮素，凡投产茶园追肥均应以氮肥为主，并配合磷肥、钾肥等其他肥料，以保证茶树对各种元素的均衡吸收和利用。

（4）以根部施肥为主，并与叶面施肥相结合。

（二）施肥的方法

1. 底肥

底肥是茶苗定植前在茶园开垦时施入的肥料，其作用是增加土壤有机质含量，促进土壤进一步熟化，提高土壤肥力，为以后茶树的生长、优质高产创造条件。底肥应选有机肥，如绿肥、青草、秸秆、堆肥、厩肥及饼肥。底肥施用深度为50cm左右。

2. 基肥

基肥是指茶树地上部分停止生长后施用的肥料。基肥以施饼肥、堆肥及厩肥为好，也可视情况掺入一定量的磷肥、钾肥。施肥时在树冠外沿垂直下方开 1 条 25～30cm 深沟，并将肥料施入沟中。

3. 追肥

追肥是指茶树地上部分生长期间施用的肥料。追肥以氮肥为主，配合磷肥、钾肥和微量元素肥料，追肥用量占全年用量的 60%，分别在春茶前、春茶后和夏茶后施用，施用比例为 4∶3∶3。

第五节　茶园修剪管理

一、生态茶园修剪管理

修剪是茶树管理的一项重点工作。针对全年采摘的茶园，在采摘春茶后须适当轻度修剪，将树冠上部 8cm 枝梢剪掉即可。夏茶采摘时要适当留养，采用留叶采、打顶采的方式可以保持良好的叶层厚度。秋茶要做到提早停采，避免对翌年春茶产量、质量产生影响。一般在 7 月中下旬再轻度修剪 1 次，培育良好的采摘蓬面。需要注意的是，高温天气环境下须延迟进行修剪作业。针对需要改造的茶园，一般在春茶采摘后进行 1 次深度修剪。

（一）树冠培养

优良的树冠是茶园获得高产高效的基础，树冠培养要及早进行，一般从茶苗生长的第 2 年就要进行整形修剪培养树冠，山地茶园多培养弧形的树冠，以利于通风透光和扩大采摘面积。间苗定苗后，当茶苗长到 25cm 时，留 20cm 高进行第 1 次整形修剪，以后每长高 20cm 整形修剪 1 次，在茶苗长到第 3 年时可整形修剪 5～6 次，此时树冠高度达到 80～100cm，茶树枝条粗壮，分枝级数明显，树冠叶层厚，芽叶肥大。

（二）定期修剪与采摘

茶树树龄与长势不同，其修剪方法也存在明显差异。幼龄茶树主要采取打顶采摘和定型修剪的方法，剪去多余顶端优势枝，增加侧枝数量，使茶树采摘面扩大。成龄茶树需要控制茶树高度，可进行轻度修剪，去除细弱枝干，提高养分运输效率。定型修剪有利于通风透光。采摘可以采用手采、刀割等方式进行。目前，大多数生态茶园都是采用手采法。茶叶新芽萌发和生长具有一定季节性，必须及时采摘、分批采摘及标准采摘，确保每批采摘的茶叶品种、等级一致。在生态茶园建设规划期间，需要结合具体情况调整采摘期。采摘后的新鲜茶叶放置于通风阴凉处，保证其新鲜性，之后尽快送到厂房进行加工。

（三）幼龄茶树定型修剪

当茶苗高度超过 25cm、主枝粗超过 0.3cm 时，可进行首次定型修剪，将高度控制在 15～20cm。如果茶苗没有达到上述标准，需要推迟定型修剪的时间。每年应根据实际情况开展 1～2 次定型修剪工作，每次修剪的高度均应向上提升，一般提升 10～15cm。为使茶树可以良好地进行光合作用，保证树体获得更多的营养成分，进一步提高冬季抗冻能力，通常情况下，当秋季茶树停止生长后，无须再进行定型修剪，直到春季茶芽萌动前再修剪即可。例如，福建省高山生态茶园在建设时，通常在立春时节进行茶园定剪，根据茶树长势，夏茶结束后再次定剪，选择一年定剪 2 次的方式，提前进入了采摘期，获得了良好的经济效益。完成 3 次定剪工作后，茶树高度达到 60cm 时基本形成骨架，此时应合理修剪及打顶轻采，对树冠及采摘面进行良好培养。开展打顶轻采工作时，须遵循采面养底、采密养稀、采中养侧、采大养小及采高养低的原则。完成打顶轻采工作后，如果树冠表面参差不齐，可予以适当修剪，将个别突出的新梢剪掉，保证采摘面茂密整齐。茶树高度达到 70cm 左右、采摘面树幅超过 90cm 时，可适时采摘。

二、有机茶园修剪管理

有机茶园的修剪管理除了要做好茶树修剪外，还要对防护林、行道树和遮阴树等进行修剪整理，以免影响茶树生长。一般 1 年修剪 2 次，分别在 8 月和 12 月进行，即夏剪和冬剪。成龄树修剪至齐腰高度，即 1～1.1m，修剪厚度为 3～5cm，同时剪去弱枝、病枝、枯枝。幼年树只作适当修剪，培育良好的树冠。

（一）定型修剪

幼龄茶树至少需要进行 3 次定型修剪才能培养成丰产树冠，每次定型修剪的目的是培养健壮的骨干枝。第 1 次定型修剪在定植后苗高达 30cm 左右时，在离地高度 15～20cm 处用枝剪将主干上部枝梢剪除，但不能剪除侧枝；第 2 次定型修剪主要是培养骨干枝，在离地高度 30～40cm 处用篱剪剪平；第 3 次定型修剪在离地高度 45～50cm 时剪平。有机幼龄茶园定植 3 年后，视茶树生长情况可以适当打顶采摘，促进分枝，培养树冠。按照“以养为主，以采为辅”的原则，采摘方法是在新梢长出 5～7 片叶时，适时采去顶部一芽一叶，留下基部的 3～4 片叶，采摘原则是采高留低、采顶留侧，为以后形成高产有机茶园打下良好的基础。

（二）轻修剪

成龄茶树一般在茶季结束后的秋季（9～11 月）或早春（2～3 月）进行 1 次轻修剪，剪去冠面 5～10cm 的“鸡爪枝”、细弱枝层，以提高茶树萌芽力，减少茶梢蛾等的危害。

（三）深修剪

经过多年轻修剪和采摘的成龄茶树，育芽能力衰退，产量逐年下降，需要进行 1 次深修剪。深修剪一般在春茶结束后进行，剪去 15～20cm 的衰弱生产枝层，促进 3 级骨干枝重新萌芽，更新复壮生产枝层。

（四）重修剪

成龄茶树上三级骨干枝和生产枝已衰弱、只有二级骨干枝尚健壮时需要进行 1 次重修剪。重修剪通常在春茶后进行，剪去离地面 35cm～40cm 以上的全部枝叶，促进二级骨干枝萌发，重新培养树冠。重修剪应结合重施肥。

（五）台刈

对于骨干枝已全部衰退、新梢短小、“对夹叶”多的衰老茶树，可在春茶后离地面 5～10cm 处进行台刈，剪去茶树上全部枝梢。剪口要求平滑、略倾斜，不撕裂。待主干萌发新梢后，通过 3 次定型修剪形成再生树冠后方可正常采摘。台刈后的茶园应结合清园深翻并重施有机肥和速效肥，才能取得较好效果。

三、无公害茶园修剪管理

茶树修剪是提高茶叶品质的重要步骤，更是预防茶叶病虫害发生的重要措施，因此，采取科学有效的修剪方式十分重要。具体修剪茶树时，应综合考虑茶树生长情况、修剪时间等要求，有针对性地选择修剪方式。定型修剪能够保持树冠基础形状不变，轻度修剪和深度修剪是针对树冠面进行的大调整，可以促进茶树生长。

（一）无公害茶园修剪技术

茶树的修剪方法主要有幼龄树的定型修剪、成龄树的轻修剪和深修剪及老龄树的重修剪和台刈等。茶树在幼年期主要采用定型修剪方式，修剪时要求做好各枝条平衡发展，避免高低参差，各枝条应粗壮短实，避免树冠空缺，对顶端优势强的主枝要压低主枝，扶助侧枝。轻修剪的目的是调节芽数和芽重，刺激生长枝育芽能力。轻修剪一般每年进行 1 次，以剪平为宜。深修剪是生产枝衰老时的措施，一般 5 年进行 1 次；若生产枝层尚未衰老，可以延长周期。深修剪后应留养 120d 不采茶。茶树在衰老期的修剪方式是重修剪和台刈。重修剪是针对主枝和矮位分枝尚可利用茶树的修剪方式。台刈是齐地剪平，是主枝已无利用价值的茶树重组树冠的修剪方式。茶树各种修剪方式都是对树体的生理刺激，但同时也是一种创伤，所以实际生产上要因树种、树龄选择合适的修剪方式，交错使用，同时加强水肥、病虫防治等管理，以培育和维持高产优质的树冠。

（二）无公害茶园修剪采养

无公害茶园与普通茶园栽培种植与管理方法存在很大区别，但是在修剪采养过程中，无公害茶园所使用的修剪方法与技术等应与普通茶园保持一致。例如，在修剪无公害茶园的茶树时，人工修剪和机剪都需要培育伞状树冠蓬面。大量实践表明，修剪无公害茶树时要注意控制修剪时间，以便于后期开展机械化采茶，一般应分类进行修剪采样。例如，青茶在春茶全部采摘后进行修剪，不仅能够有效提升无公害茶园的采摘质量和数量，更便于夏茶的萌发。对于目前已经投产的无公害茶园，通常需要以养为辅、以采为主，如果茶树芽头较为浓密且茶树整齐生长速度快，就可分批次科学采摘，但是在采摘过程中，先要实现正茶采摘，再进行脚茶采摘，原则上只要能采就采，直到采净为止，尽可能做到不留熟新梢。

对于幼龄茶园或经过改造后的茶园，要以养为主，以采为辅，同时采取打顶养蓬、采中养侧、采密养稀等一系列措施，以培养丰产、高效的无公害茶树树冠，保证有特定数量的嫩梢新叶生长。在采摘无公害茶树的鲜叶过程中，要做到有效防范污染，特别是在使用采茶机器采摘时应选无铅汽油作为机械设备永久使用的燃料，避免采茶机械设备在工作过程中散发出来的气体严重污染茶叶，对无公害茶叶质量产生负面影响。

第六节　病虫草害防治管理

一、生态茶园病虫草害防治管理

高效生态茶园的病虫害防治应遵循“预防为主，综合治理”的植保方针，普及推广应用高效、低毒、低残留、环保、节能、减排的新型农药。生态茶园尽量杜绝使用化学农药和化学除草剂，即使使用，也要在国家相关规定范围之内。一般采用农业、物理、生物措施，以及某些生态农业允许使用的天然化合物来防治茶园病虫草害，某些天然化合物仅在其他措施难以奏效的情况下才允许使用。主要利用生物农药、保护天敌、物理防治、农业耕作、适期开采和合理修剪等综合技术，建设好适应高效生态茶园的病、虫、草、鼠、雀、毒害综合防治技术管理体系和运行机制。此外，还要设立茶园病虫害各种监测点，加强茶树病虫害的预测预报工作，有效指导茶农及时科学防治，准确用药，对症下药，避免出现茶农滥用乱用农药行为。具体防治措施有以下几个方面。

（一）农业防治

采用农业技术措施减少和防治茶树病虫草害是有机茶园的基本要求，如茶树修剪和及时采摘可以改变病虫生长的适应环境条件。一是茶树修剪可以清除茶园病株、残叶及田间杂草（集中焚毁或堆沤处理），并把部分病虫枝叶带出茶园，减少田间病原物、虫源及其越冬越夏场所；二是及时采摘有利于保证茶叶质量，而且还可以防治病虫害。此外，适时锄草与耕作可减少那些与杂草、土壤发生联系的病虫危害，还可减少杂草与茶树争肥、争水和争光等不利因素的发生。适当间作也可增加茶园生态系统的生物多样性，减轻病虫害；合理施肥可改善茶树营养条件，提高茶树抗病虫的能力。

（二）生物防治

生物防治既不污染环境，对人、畜、天敌、作物及其他有益生物基本无害，也不会使病虫产生抗性，且对病虫有较长时间的控制作用。例如，可以利用寄生性昆虫、捕食性昆虫或白僵菌来防治害虫等，还可以利用天敌和使用生物农药（包括植物制剂和微生物农药）防治茶树病虫害。生态茶园首先要加强害虫天敌的保护工作，提高天敌对害虫的自然控制能力；同时，还可以通过人工大量繁殖、释放天敌和病原微生物［如绒茧蜂、赤眼蜂、草蛉、食虫瓢虫、蜘蛛、苏云金芽孢杆菌（*Bacillus thuringiensis*，Bt）］、白僵菌和茶尺蠖病毒等进行茶园病虫害防治。目前，已经成功研制出的防紫外线茶尺蠖核型多角体病毒、Bt 杀虫剂及其混合制剂已在有机茶园大规模推广应用，对茶尺蠖、茶毛虫、茶黑毒蛾和茶蚕等害虫具有明显的防治效果。对于生物农药来说，除了有机农业生产标准中列出可以使用的生物制剂以外，其他商品性的生物农药必须经颁证机构认证或认可后才能在生态茶园使用。还可利用农事活动调节土壤、营造适宜的田间小气候来控制有害生物及其天敌种群的消长；合理施肥也可提高作物的抗病虫能力；灌溉、排水改变田间环境条件可以部分杀死土壤中的害虫。

（三）物理防治

物理防治是指利用各种物理因子、人工或器械防治害虫，包括人工捕杀和灯光诱杀、性外激素诱杀，破坏害虫的正常生理活动，改变病虫适于生存的环境条件等方法，降低害虫密度。使用性诱剂和黄色诱虫板相结合的诱杀技术，可以大量诱杀小绿叶蝉类害虫，还可使用黑光灯等诱杀鳞翅目害虫，从而有效降低茶园虫口基数，减轻其对茶树、茶叶、茶苗的危害。

（四）农药防治

生态茶园应选择高效、低毒、低残留、有针对性的特效农药进行茶园病虫草害防治。适时科学用药，注意用药安全间隔期。合理轮用、科学混用各种农药可以提高用药防治效果，有效防止病虫产生抗性。

（五）杂草防治

生态茶园杂草防治禁止使用化学除草剂，可以使用物理与机械防治、行间覆盖和生物防治等方法，在防治中也要考虑到杂草有害、有利的两面性，对茶树危害较大的如白茅、蕨类、杠板归、矮竹等宿根性植物或多年生小灌木要彻底清除，而对一般杂草不必全部清除，低密度的杂草不会对茶树生长构成影响，反而有利于保持水土。有机茶园杂草防治措施主要有以下几个方面。

1. 物理和机械防治

物理和机械防治包括人工除草、割草机切割、行间中耕、火焰中耕等方法、防治时机应掌握在杂草处于未结籽状态时进行，可以减少杂草种子的传播和蔓延。

2. 行间覆盖

茶树以条栽为主，随着茶树的生长，行间距逐渐缩小，杂草的发生量也会相应减少。行间使用作物秸秆、茶树修剪物等进行土壤覆盖，可进一步抑制杂草的萌芽和生长，同时对保持水土、改善土壤团粒结构、提高土壤肥力有很好的效果。

3. 生物防治

从食性层次来看，杂草是供食者，许多昆虫、病原体、脊椎动物和无脊椎动物的感染或取食对杂草的生长均有抑制作用。可通过在茶园中放养山羊、猪、旱鸭、鹅、鸡（火鸡）及牛等食草动物进行杂草的生物防治。

二、有机茶园病虫害防治管理

有机茶园的主要病害有茶饼病、茶芽枯病、根结线虫病、茶炭疽病、茶白星病等；主要虫害有小绿叶蝉、茶蓟马、茶毛虫、黑刺粉虱等。有机茶园的病虫害防治须遵循防大于治的原则，坚持“预防为主、综合防治”的植保方针，以农业防治为基础，充分发挥农业防治、物理防治、生物防治对病虫害的控制作用。要将整体茶园生态系统作为出发点，将农业防治视为根本基础，综合利用生物防治及物理防治措施，创造出不利于病虫害滋生和有利于各类天敌繁殖的条件，全面促进茶园生物多样性，维持茶园的生态平衡，降低各类病虫害造成的损失。

（一）营造良好的茶园生态环境

有机茶园应尽量保护好周围的植被（树木等）和水源，如果周围缺乏植被和水源，应通过植树绿化，开辟蓄水池等措施，营造良好的、有利于茶树害虫天敌（如鸟类、两栖动物等）栖息和繁衍的茶园生态环境，增加茶园害虫天敌的种群和数量，使茶园环境朝着有利于天敌和不利于害虫的方向发展。

（二）农业防治

农业防治是根据茶树生育特点和病虫发生规律而采取相应的农艺措施，以提高茶树自身抗性来减少病虫发生与危害。有机茶园建设过程中，应该结合本地区疾病流行特点、发病趋势，选择抗病能力较强的茶树品种，发现患病枝条应该立即将其剪除。针对引进的种苗要及时进行检疫，一旦发现不合格苗木应立即销毁。茶树科学修剪、适时施肥及耕锄均可以减少病虫来源和病虫发生数量；茶叶适当嫩采和及时分批多次采摘，可有效抑制小绿叶蝉、茶橙瘿螨等趋嫩性害虫的危害。勤除杂草能有效降低有机茶园病虫害的危害程度，但值得注意的是，有机茶园内保持一定量的杂草在一定程度上有利于改善生态环境。

（三）物理防治

物理防治是一种实践效果较佳的有机茶园病虫害防治技术，包括人工捕杀、性诱杀、色诱杀、光诱杀等，其中色诱杀、光诱杀的应用范围最为广泛。目前有一些企业还定制开发了多种专类害虫色诱板，如小绿叶蝉诱虫板、粉虱高效诱虫板等。此外，信息诱导素、太阳能诱虫灯等新型物理防治技术的应用前景也较佳，可考虑在有机茶园病虫害高发区域批量安装使用。茶毛虫、茶尺蠖等目标明显和群集性强的害虫可直接进行人工捕杀；利用太阳能灯可以诱杀趋光性强的害虫；应用有色诱虫板可诱杀小绿叶蝉、黑刺粉虱等害虫；利用害虫的趋化性可以用饵料诱杀害虫；也可利用日照和高温暴晒土壤来防治茶树根结线虫病等。太阳能诱虫灯每亩放置10个，除虫黄板每亩放置30～50块，可以有效地诱杀茶园害虫。

（四）生物防治

大力推广与应用生物防治技术有利于有机茶园病虫害防治，即利用天敌昆虫、病原微生物、农用抗生素及生物制剂等控制茶树病虫发生与危害，减少化学农药的使用，保持茶园生态平衡。例如，用白僵菌871菌粉拌细土，在茶丽纹象甲成虫出土前施于土面，可有效防治其对茶树的危害；用白僵菌871菌粉0.5～1.0kg加水100～200kg喷洒茶树叶面可防治茶丽纹象甲、小绿叶蝉、黑刺粉虱等；用苏云金芽孢杆菌可防治茶毛虫、茶刺蛾和茶尺蠖；用茶毛虫病毒提取液或茶毛虫尸100～200头加水50kg所得的浸出液可防治茶毛虫；用赤眼蜂、蜘蛛可有效控制茶尺蠖和茶叶螨类等害虫的发生与蔓延。可以对有机茶园内的有益生物（如寄生虫、瓢虫、草蛉等）进行妥善保护与利用，还可以利用鸟类来防治有机茶园病虫害。针对有机茶园病虫害现状，采取以下措施可达到“以鸟治虫”的效果：将若干个人工鸟巢安装到茶园各处，并且在人工鸟巢内安装鸟鸣器来反复播放鸟鸣声，吸引更多的益鸟入巢繁衍、栖息，这样既可防治有机茶园病虫害，又可增加有机茶园的观赏内容，从而取得一举两得的效果。

（五）药剂防治

在全面禁止使用化学农药的基础上，有机茶园在生产季节可使用苦参碱、矿物油等植物源和矿物源农药，以及在非生产季节可使用波尔多液、晶体石硫合剂封园等措施来减少病虫越冬基数。在进行有机茶园病虫害防治时，微生物性农药既可有效消灭病害虫，又可保护病害虫的天敌，还不会污染周边环境，其用药安全性远远高于化学农药，无论是用药持久性，还是环保性都要比化学农药好得多。目前越来越多的人采用以病毒治虫、以细菌治虫的方式。例如，对鳞翅目害虫（如茶黑毒蛾、茶毛虫、茶尺蠖等）用病毒制剂、苏云金芽孢杆菌制剂来进行防治；对黑刺粉虱用真菌制剂来进行防治；对小绿叶蝉、茶丽纹象甲等害虫用白僵菌来进行防治。

三、无公害茶园病虫害防治管理

对于无公害茶园相关病虫害的防治，需要基于综合防治的原则，坚持预防为主，从茶园生态系统运作实际出发，全面运用多种措施有效防治无公害茶叶相关病虫草害。例如，严格掌握防治标准和防治适期，采用高效低毒的农药进行病虫害防治；结合修剪、秋末深耕等农技手段进行病虫害防治；利用害虫对光线、气味的趋向性诱杀害虫，推广频振式杀虫灯、黑光灯、糖醋液等防治工具；充分利用和保护天敌。

（一）农业防治

农业防治是无公害茶园病虫害防治重要手段，其主要包括以下几个方面内容。

（1）改变害虫的发生环境、营养条件、小气候条件和天敌关系，以抑制害虫的大量发生，如修剪、除草、耕作、间作等。

（2）创造有利于茶树生长发育的良好条件，增强其抗病虫能力，如合理施肥和灌溉。

（3）选育种植对病虫害抗性强的茶树品种。

（4）冬季清园：每年 12 月至翌年 1 月，全面清除茶园病虫枝叶并集中烧毁，喷施 1 次晶体石硫合剂 150 倍稀释液后实行封园，消灭越冬病虫源。

（5）合理耕作：对病害少的茶园或坡面实行减耕式免耕，以防止水土流失。

（6）茶树修剪：根据茶树的树龄、长势和修剪目的分别采用定型修剪、轻修剪、重修剪等方法，以优化树冠，复壮树势。修剪枝叶留在茶园内可以培肥地力，病虫枝条和粗干枝应清除出园。

（二）物理防治

无公害茶园病虫害可采用物理防治措施，其主要包括以下几个方面。

（1）捕杀。可利用人工或简单器械捕杀害虫。例如，振落有假死习性的茶黑毒蛾、茶丽纹象甲，用铁丝钩杀天牛幼虫，对于茶毛虫卵块、茶蚕、袋蛾（蓑蛾）、卷叶蛾虫苞、木蠹蛾等目标较大或危害症状明显的害虫也可以采取人工捕杀的方法进行防治。对局部发生量大的介壳虫、苔藓等可用人工刮除的方法进行防治。

（2）利用黄板诱杀蚜虫、白粉虱、蓟马。具体方法如下：在 60cm×40cm 长方形纸板上先涂上黄色油漆，再涂上 1 层机油，挂在田间或株间，一般每亩 30～40 块，当黄板粘满蚜虫时，再涂 1 次机油。

（3）利用害虫的趋光性进行灯光诱杀。

（4）利用人工合成或刚羽化的雌蛾分泌性激素诱杀害虫，同时对害虫进行食物诱杀，由此确保无公害茶园的生物多样性与生态系统平衡。

（三）生物防治

无公害茶园病虫害可采用生物防治措施，其主要包括以下几个方面。

（1）保护益虫，使用天敌。茶树害虫天敌的种类多于害虫种类，目前已发现有 900 多种之多。要注意保护和利用当地茶园中草蛉、瓢虫、蜘蛛、捕食螨、寄生蜂等有益生物。同时，也可以菌治菌，如韦伯虫座孢菌繁殖后可寄生黑刺粉虱，在湿度大的气候条件下，对茶树黑刺粉虱的防治效果可达 70%～80%，1 次可控制 3 年。还可使用白僵菌、Bt 杀虫剂、病毒等防治茶毛虫、茶尺蠖等。

（2）使用生物农药。常用的生物农药有几种，如 1.5%除虫菊素可溶液剂可防治小绿叶蝉、蚜虫、粉虱及鳞翅目害虫，1.5%苦参碱可溶液剂可防治蚜虫、粉虱、蓟马、红蜘蛛，1%苦皮藤素水乳剂可防治茶叶茶尺蠖、炭疽病。

（四）除草控草

茶园内杂草过多时会和茶树争夺水分及养分，同时也会为害虫营造适宜的栖息繁殖场所，进而影响茶树的生长，所以做好茶园除草工作非常重要。目前，常用的除草方法主要包括下述几种。

（1）机械除草。主要是利用手扶式多功能除草机、便携式动力除草机割除杂草，将其堆放在茶树旁即可。需注意的是，使用除草机时要保证安全，防止机械伤人。

（2）人工除草。茶农需要在每年的 6 月、7 月、8 月各除草 1 次，人工拔除茶园内的杂草，避免其和茶树争夺水分和养分。

（3）覆盖抑草。针对幼龄茶园，可将防草布铺设在茶行中，抑制杂草的生长。

（4）以草控草。茶农可将黑麦草、紫云英间作于茶行间，以控制其他杂草的生长。

第七节　高效茶园管理实用技术

良种新茶园建立以后，要使茶树苗壮成长、根深叶茂，达到速生高产、持续增产的目的，关键在于要全面落实茶园管理技术措施，每年进行经常性的管理工作。根据茶树各个不同生长发育阶段对外界环境条件的不同要求，采取适当措施，不断改善茶园土壤、环境条件及茶树本身生长状况。

一、新植幼龄茶园高效管护技术要点

幼龄茶园行间空隙大，易滋生杂草，影响茶树生长，必须经常浅耕、除草。由于新植茶园未发新根，松土易死苗，因此幼龄茶园除草的总体要求是“除早、除小、除了”。茶苗周围不能松土。

1. 除草松土

幼龄茶园栽后第 1 年，距离茶苗 25～30cm 周围内用手拔掉杂草，避免损伤茶树根系生长，浅松土 3～5cm；二、三年生的苗在茶蓬内浅锄 3～5cm，在茶蓬外浅锄 10cm。

2. 勤施追肥

幼龄茶园施肥应做到勤施、少量多次，年施追肥一般 4 次，每年的 4～7 月每月各施 1 次。一年生茶园从栽后第 1 年 4 月下旬施第 1 次追肥，施肥时在距茶苗 15cm 远的地方挖 7～10cm 深的施肥沟，浇半瓢清粪水（50L 水兑 3～4 瓢猪粪尿或 250～300g 硫酸铵），以后每次每亩可

施尿素6～8kg；二、三年生茶园每次每亩施尿素8～10kg。施后应立即覆盖，特别注意不能干施。

3. 理沟排水

茶树怕积水，茶园长期积水严重影响茶树根系生长，造成茶苗死亡。新植茶园要理好背沟、四边沟和直沟，沟深50cm，宽60～80cm，沟均为平底沟，沟底宽30cm。春、夏、秋季要及时清理排水沟，保证茶园内无积水，促进茶树正常生长。

4. 合理套作

新植茶园由于空地较大，蓄水、保水能力较差，茶苗须适当遮阳，故新植茶园应套作农作物，以提高土壤蓄水、保水能力，解决茶苗遮阳、除草问题。主要套种作物有豆类、蔬菜、果树、绿肥等农作物，推广茶/菜、茶/药、茶/果等套作模式。通常在大行内离茶苗30cm处进行套作，套作时不宜种植玉米、高粱等高秆作物。

5. 打顶及第2次定型修剪

当茶苗中有75%～80%长到45～50cm时，即可进行打顶促发侧枝；秋季进行第2次定型修剪，修剪高度以离地面35～40cm处为宜。

二、成龄茶园高效管护技术要点

1. 茶树修剪

茶树的修剪包括定型修剪、轻修剪、深修剪、重修剪和台刈5种形式。春茶采收结束后应及时因树制宜进行修剪，以保证茶树能较好地恢复和生长。幼龄茶园一定要把好定型修剪关。投产茶园一般每年进行1次轻修剪，3～5年进行1次深修剪。轻修剪时每次在剪口上提高2～3cm，深修剪一般剪去树冠面上 10～15cm 的枝梢。立体采摘茶园的重修剪一般离地 40～45cm，衰老茶树的重修剪一般离地 30～40cm。台刈为在离地 5～10cm 处砍去其上的全部枝叶。修剪适期在 5 月中旬前完成。

2. 浅耕除草

茶园经春茶采收人员的踩踏，土壤板结严重，另外，随着气温的不断升高，行间杂草开始迅猛生长，尤其是梅雨季节，杂草生长速度更快，若不及时松土除草，会严重影响茶树生长。因此，春茶采收结束后，一定要进行适当的耕翻，清除杂草，耕翻深度以 10～15cm 为好。

3. 茶园施肥

茶树经过春梢萌发和采摘之后，体内养分大量被消耗，只有及时追肥，才能保证茶树的正常生长。春茶采收后追肥宜早不宜迟，一般投产茶园每亩施尿素 15～20kg，高产茶园适当增加，台刈或重修剪的茶园除施尿素外还应增施有机肥。

4. 病虫防治

防治病虫害是茶园夏秋管理的主要内容之一，春茶采收结束后要做好查地块、查病虫、查防效的“三查”工作，以便及时、准确、经济、有效地防治茶树病虫害的发生。对于小绿叶蝉、茶蚜、黑刺粉虱等刺吸式口器害虫施药应掌握在若虫高峰期，药剂可选用 35%硫丹稀释 1000～1500 倍或 10%吡虫啉稀释 3000 倍等；对于茶毛虫、茶尺蠖、茶黑毒蛾等咀嚼式口器害虫，施药应掌握在幼虫 3 龄以前，药剂可选用 0.36%苦参碱稀释 1000～1500 倍或 2.5%联苯菊酯（天王星）稀释 3000～6000 倍，或 35%硫丹稀释 1000 倍等；对茶芽枯病、茶圆赤星病、茶白星病等病害，药剂可选用 50%多菌灵稀释 800～1000 倍或 75%百菌清稀释 800～1000 倍等。

5. 茶园铺草

茶园行间铺草具有防止水土流失、减少土壤水分蒸发、抑制杂草生长、稳定地温和增加土壤有机质等多种作用。覆盖材料可选用山草、稻草、麦秆、绿肥等，铺草数量是以土不见天为准。

6. 清沟排水，抗旱保墒

梅雨季节要特别检查低洼田茶园有无积水情况，切实做好清沟排涝工作；若遇伏期干旱，则要进行茶园灌水，以保证夏茶的正常生长。

三、低产茶园高效改造技术要点

1. 改土

（1）砌坎保土：对坡度较大的茶园，用石块、垒土筑梯，完善排蓄系统，减少茶园水土流失，保持茶园水土。

（2）深翻施肥：对列入低改的茶园，在茶树行间深耕土壤40～50cm，每亩施农家肥2000kg（或有机肥300kg）、菜饼肥300kg、磷钾肥25kg，熟化土壤，提高土壤肥力。

（3）加培客土：对土层较浅薄、石块多、肥力差、土壤流失严重的茶园，要加培客土，增厚土层。客土应选择有机质含量较高的土壤。

2. 改树

（1）深修剪：茶树经过多次采摘和轻修剪后，树高增加，树冠面上“鸡爪枝”或结节枝明显，发出的新梢瘦小，对夹叶多，致使茶叶产量和品质下降，对于这样的茶树要进行深修剪。

修剪深度以剪除“鸡爪枝”为原则，一般剪去树冠表面10～15cm的枝叶，或者在离地面50cm左右处修剪。按树冠形状决定采用修剪机或采茶机剪去表层细弱枝条。修剪时间一般在春茶采收结束后，最迟不晚于5月底。修剪后要注意养蓬，深修剪茶树应留养一季夏茶，秋茶可打顶轻采；对于只采摘春季名优茶的茶园，留养夏茶和前期秋茶，在新梢达到30～40cm（7月下旬左右）时轻修剪。深修剪应与轻修剪相结合，一般深修剪后应每年或隔年轻修剪1次，轻修剪2～3年后深修剪一次。

（2）重修剪。适宜茶园的重修剪一般分为两类：一是骨干枝及有效分枝仍有较强生育能力，但生产枝生活力下降，即使加强肥培管理或进行深修剪处理也难以收到较好效果的衰老投产茶园；二是常年缺少管理、生长势尚强，但树冠较高、不采取较重的修剪方法已不能压低树冠的茶园。

修剪一般剪去树冠的1/3～1/2，在离地30～40cm处剪去地上部树冠。修剪宜在春茶采收结束后立即进行，要求在5月底完成。修剪后养蓬，重修剪茶园的养蓬分为两类。一类是培育立体树冠、只采春茶的茶园，如茶树长势良好，到7月20日左右新梢会长出40cm左右，则在上次剪口基础上提高20cm再进行1次修剪，然后继续生长；对于生长势较弱、重剪后长出的枝条不足30cm，或不会长出小分枝的茶树不需在重剪后再进行修剪。另一类是培养平面树冠的机采或人工采摘茶园，当新梢长到30cm以上，新梢基部5cm左右半木质化时，在重修剪剪口基础上提高10cm左右进行1次修剪（一般在6月底至7月初进行），然后可正常采摘。

第五章

山地特色茶标准化加工

第一节　标准化厂房建设

一、厂房外部环境要求

（一）加工场所选址

加工场所应选在地势平坦、通风干燥且交通方便、电力有保障的地方。远离“三废”（废水、废气、废渣）排放的工业企业，远离垃圾场、畜牧场、医院、粪池 50m 以上，远离喷施农药的农田 100m 以上，远离交通主干道 20m 以上，并处于茶叶加工季节常年主风向的上风口处。加工厂选址地的大气环境和水源要符合国家标准要求。有的茶叶加工厂甚至使用井水或山泉水，但必须要经过消毒过滤处理。

（二）厂区布局

厂区应根据茶叶加工工艺要求合理布局，应有足够的生产车间、原料、辅料、半成品和成品仓库或场地，生活区应与生产区相互隔离。厂区主要道路应铺设适于车辆通行的坚硬路面，路面平坦，无积水，并保持环境整洁。锅炉房、贮煤场的设置应位于生产车间主风向的下风口处，并与生产区域和主干道保持一定的距离。厂区内污水处理设施、排水排污沟应密闭并保持通畅，垃圾应密闭存放，并置于生产区外。厂区要无异味。卫生间的设置应与生产车间保持一定的距离，宜采用冲水式卫生间。卫生间应设有洗手池，墙面、地面易于清洗并保持清洁，应设置有防蝇、防虫、防鼠等设施。禁止饲养畜禽及其他动物。不得兼营、生产、存放可能影响茶叶卫生的其他物品。厂区内应配置相应的消防设施设备。

（三）生产车间设计要求

茶叶初制生产车间一般由贮青间、加工车间、干燥车间、包装车间、更衣室、人行参观通道组成，初、精制加工车间面积、高度应与加工产品种类、生产能力和设备安置相适应。茶叶初、精制加工车间地面应采用耐磨、防滑的坚固材料修筑，地面应硬实、平整、光洁，缝隙易于清洁。车间内墙壁、天花板应使用易清洁的无毒、浅色、不易脱落的材料装修，墙面应无污垢。车间门窗、车间出入口、与外界相连的通风处应安装有防鼠、防蝇、防虫设施。车间应通风、除尘良好。贮青间、加工车间和干燥车间应安装通风排湿设备。车间的照明、通风、除尘、排湿、噪声控制和门窗设置等均须符合相关要求。

二、卫生管理和加工人员要求

（一）卫生管理

加工厂应有卫生行政部门发放的卫生许可证，制定并明示相应的卫生管理制度。茶叶加工及有关人员应持有效的健康检查证书。更衣室应与生产车间相连，面积大小及衣柜、鞋柜的数量应与生产人员数量相匹配。工作服不得与个人衣物混放，避免污染。在车间入口处及车间适当的位置应设置洗手消毒、干手设施，车间入口处的洗手水龙头数量应与生产人员数量相匹配。洗手消毒用的水龙头应设为非手动开关。

（二）加工人员要求

加工人员进入车间必须要换工作装，戴工作帽，净手，换鞋。精制、包装车间工作人员还需戴口罩上岗。

第二节　加工设备选型及配备

一、生产设备和设施要求

应根据茶叶加工种类配置足够的、满足各加工工序要求的设备，配置数量应与生产量相适应，能满足加工工艺和产品卫生要求。与茶叶直接接触的设备、工器具和容器用无毒、无异味、不污染茶叶的材料制成且应符合相关要求。盛装茶叶的容器应有标识。

二、茶叶加工基本设备

（一）六大茶类加工基本设备

绿茶加工应具备萎凋、杀青、做形和干燥设备；黑茶加工应具备杀青、揉捻、渥堆和干燥设备；红茶加工应具备萎凋、揉捻、发酵和干燥设备；青茶加工应具备做青、杀青、揉捻和干燥设备；黄茶加工应具备萎凋、杀青和干燥设备；白茶加工应具备萎凋和干燥设备。

（二）再加工茶类基本设备

花茶加工应具备筛分和干燥设备；紧压茶加工应具备筛分、压制、干燥、锅炉等设备。

（三）茶叶精制基本设备

茶叶精制应具备筛分、风选、切轧、拣梗和干燥设备。

（四）茶叶包装基本设备

茶叶包装应具备称量、包装设备。

三、加工设备配备

我国茶叶种类繁多，生产中茶叶加工机械的配置方式和计算方法也不尽相同。总的配置原则是：根据各类茶叶的加工工艺需求和有关茶叶机械性能，按全年茶叶最高日产量法计算主要设备配置数量，在此基础上确定各类辅助和控制设备的型号和数量，最终组成生产线。

（一）设备配备数量

大宗茶加工一般以全年茶叶产量的3%～5%或春茶产量的8%～10%作为计算依据，也可用春茶高峰期中10d平均日产量作为最高日产量的确定依据。名优茶可用高峰期3～5d平均日产量作为最高日产量的计算依据。应采用近年来尽可能多的统计资料并充分结合当前发展需要，加以认真分析和计算，使茶叶最高日产量的确定更为精确。

确定了茶叶最高日产量后，再根据茶机的台时产量计算所需的台数（台时产量可由制茶机械产品说明书查知），通常高峰期加工机械每天工作20h，所需的茶机数量为：茶机台数＝茶叶最高日产量/茶机台时产量×20。

上述计算的结果根据经验进行圆整，一般取整数位。

（二）不同名优茶类加工设备配备

1. 毛峰类名优茶加工设备配备

毛峰类名优茶加工除提毫工序外，已可全部实现机械化加工。加工工艺一般为：杀青→摊凉→揉捻→初烘→炒干（做形和提毫）→烘干。

毛峰类名茶加工机器配备一般为：茶叶滚筒式杀青机 1 台；茶叶揉捻机 2 台；茶叶解块机 1 台；茶叶烘干机 1 台（用于整形和足干）；电炒锅 2 台（用于提毫）。

2. 扁形名优茶加工设备配备

当前生产中使用的扁形名优茶加工设备虽然基本上能满足质量要求，工效也比手工作业大幅提高，但是与较精细的手工炒制相比，干茶色泽和外形光扁度尚有差距。为了提高工效及保证扁形名优茶的加工质量，扁形名优茶（如龙井茶）的机械加工工艺一般可以优化为：杀青→炒制（青锅、辉锅）→手工辅助，从而获得质量较理想的扁形名优茶。

扁形名优茶加工机器配备一般为：茶叶滚筒式杀青机 1 台；多槽式茶叶炒制机（名优茶多功能机）4 台，或长板式茶叶炒制机 6 台（用于青锅和辉锅炒制）；电炒锅 4 台（用于辅助辉锅和整形足干）。

3. 针形名优茶加工设备配备

针形名优茶加工的主要工序一般为：杀青→揉捻→解块→初烘→整形→足干。

针形名优茶加工机械配备一般为：茶叶滚筒式杀青机 1 台；茶叶揉捻机 2 台；茶叶解块机 1 台；双式针形名优整形机 2 台（用于整形干燥）；茶叶烘干机 1 台（用于足干）。

4. 球形名优茶加工设备配备

球形名优茶的加工工艺一般为：杀青→揉捻→解块→初烘→炒三青→辉锅→足火。

球形名优茶的加工机械配备一般为：茶叶滚筒式杀青机 1 台；茶叶揉捻机 2 台；茶叶解块机 1 台；茶叶双锅曲毫机 2 台（用于炒三青和辉锅）；茶叶烘干机 1 台（用于初烘和足干）。

第三节　标准化茶青采摘

茶叶采摘既是茶叶生产收获的过程和手段，也是重要的增加产量、提高质量的树冠管理措施。适时采摘可以增加产量，提高质量，促使茶树旺盛生长，延长其经济寿命。不当采摘则会影响茶树的生长发育，降低茶园经济效益。采摘标准的制定是实行合理适时采摘的重要前提，不同的茶类、等级要求不同的采摘标准。

一、采摘方法

（一）手工采摘

1. 手工采摘标准

春茶蓬面有 10%～15%新梢达到采摘标准时开始采摘。夏茶、秋茶有 10%左右的新梢达到采摘标准时开始采摘，春茶应每隔 3～5d 采摘 1 次，夏茶、秋茶每隔 3～8d 采摘 1 次。采摘标准根据茶树品种、长势、新梢生育情况、加工茶产品种类等因素来确定，一般分为细嫩采、适中采、成熟采和特种采。采摘方式为折采或提手采，忌用掐采和捋采。采摘的茶青要保证芽叶完整、新鲜、匀净，不夹带鳞片、鱼叶、茶果与老枝叶。

2. 手工采摘技术

贵州茶区多年试验研究表明，双手采茶是茶叶手工采摘的一项高效实用技术，是茶叶采摘一项重要技术措施，是提高手工采茶效率的好方法。其特点是双手并用，改单手采为双手采，改坐采为立采，改一扫光采为分批采、多次采，从而可成倍地提高采茶效率，做到茶园及时采、分批采、标准采。双手采茶方法简单有效、效率高、下树好、收益高。在茶区，特别是新茶区，一定要做好采茶工双手采茶方法的培训，培训采茶工熟悉茶青采摘规格标准，做到眼准手稳，能够双手采摘。只有多培训、反复讲、重复做，才能大范围地普及推广。

双手采茶主要技术要点有以下几个方面。

（1）勤学苦练，熟练左手。单手采一般是左手拉枝条，右手采，而双手采需要左右手协作。开始时左手采会不习惯。初练左手采时不要贪多图快，要动作准确到位，质量合格。先 1 个芽叶、1 个芽叶地采，等指法熟练以后，再学习右手的一次采两个或 3 个茶芽。初练双手采时有时由于两手齐动使动作不协调，一般效率不高，甚至可能比单手采得还少。一般经过一个星期的训练，左手就可以和右手一样灵活了，双手并采逐渐协调后效率就会大幅提高。

（2）看好茶棵，顺序采摘。到达茶山后，首先观察身边茶蓬上的茶芽萌发情况，决定哪几棵该采，哪几棵该留，然后立即开采。采摘要有顺序，通常是由下采到上、由外采到里、再由里采到外。即从靠身边的一面开始采到茶棵中间，再由中间采到对面。依顺手方向围茶棵转动，身体要靠近茶棵，这样才能做得清、采得快、采得净。

（3）做到“三快一静”（眼快、手快、脚快，心静）。眼快是指目力集中，正确地指挥双手，采第一个芽叶时就要看好下一个要采的芽叶。手快是指眼睛看到哪里，手就采到哪里。脚快是指脚要随手移动，以便采得顺手。采茶不要带凳，要站着采，以便于迅速移动，避免浪费时间。心静是指采茶时要集中精力、专注，不能分散注意力。“三快一静”是快速采茶的关键，它可以使动作保持均衡一致，做到有条不紊。

（4）两手交错，八指并用。两手交错采茶，就是当一只手采茶时，另一只手扶住另一个茶芽叶，交错地进行采摘。但是双手不要距离太远，没有养成采摘面的茶树，双手最好在一根枝条上采。通常情况下是用拇指和食指夹茶，用中指和无名指带茶，当摘到半把时，就用食指钩住茶芽，并用中指夹住摘下，随即用拇指将茶芽捺入掌心。摘满一把后，快速将手中茶芽投入茶篮，左手采左边放，右手采右边放。原则上是哪两根手指操作方便就用哪两根手指。

（5）双手分批采，采留相结合。在推行双手采时，要贯彻分批采的技术，根据采摘标准和茶芽萌发情况，做到先发先采、后发后采，不应为追求采量而一把抓、一扫光；同时要做到留鱼叶、打顶苗、留肚苗，以达到采量跃增。

（二）机械采摘

要使机械采摘的茶叶符合原料要求并高效优质，就必须要掌握好采摘的时机，培养好生长势旺盛的茶树及其平整树冠，使茶园、机械与人之间配合协调，符合作业要求。

1. 机械采摘方法

树龄树势不同，采摘强度与留养要求也不同，相应的机械采摘方法也不同。幼龄茶树属树冠培养阶段，经过 2～3 次定型修剪，树高达 50cm 以上、树幅达 80cm 时，就可以开始进行轻度机采。在树高、树幅尚未达 70cm×130cm 时，应以养为主，以采为辅。用平行采茶机采摘时，每次提高 3～5cm，留下 1～3 片叶。开采期茶园机采时间一般比成龄茶园推迟 1 周以上。更新茶树的采摘方法，需要根据修剪程度而定。对于修剪较重的茶园（如台刈、重修剪茶园），在当年只养不采，第 2 年春茶前进行定型修剪，以后推迟开采期，每轮提高采摘面高度 5cm 左右采摘春、夏、秋茶，第 3 年每轮采摘提高 3cm 左右；当树高、树幅达到 70cm×130cm 以上时才能转入正常机采。壮龄期是茶树高产、稳定阶段，这一时期的采摘原则是以采为主，以养为辅。在机采时，春、夏茶留鱼叶采，秋茶根据树冠的叶层厚薄情况，适当提高采摘面，采养结合。必要时秋茶可留养不采，留蓄一季秋梢，其效果可维持 2～3 年。

2. 机械采摘技术

茶园中机械化采茶作业主要包括双人采茶机和单人采茶机两种形式。双人采茶机由两人手抬作业，机器置于茶行蓬面之上，操作者分别走在采摘茶行两侧的行间，手抬机器进行采摘。远离汽油机一端的操作者为主机手，另一位操作者为副机手，位于机器后边的集叶袋被拖拽前进。作业时，一般是由 5 人组成 1 个机采作业组，两人充当主副机手，两人随后协助拖拽集叶袋，以免在袋中集叶过多时，集叶袋拉扯过重而影响使用寿命，同时可减少主、副机手的操作强度，在集叶袋装满时应及时换袋，还有 1 人抓住集叶袋的尾部，保持集叶袋在采摘过程中始终在茶蓬面以上。具体操作方法是：主机手手持采茶机手柄并背对采茶机前进方向后退行进作业；副机手则双手持采茶机手柄，面向主机手前进作业。机器前进时应与茶行轴向呈一定角度，若采茶机的切割幅度为 100cm，则适宜的采摘前进夹角为 60°。双人采茶机一般需要来回两个行程才能完成 1 行茶树的采摘，去程应采去采摘面的 60%，回程再采去剩余的 40%。采茶机采茶前进速度不可太快或太慢，要保证机器和操作人员的安全，并保证鲜叶采摘质量和作业效率。作业时，操作人员两只手应尽可能匀速前进，速度掌握在30m/min左右，汽油机转速控制在4000～4500r/min。

单人采茶机开展机械采摘作业时，一般两人组成1个作业组。1人操作机器实施采摘，1人辅助拖拽集叶袋，并在集叶袋装满时帮助拉袋和换袋，与操作者轮换作业。单人采茶机采摘时操作者采取侧向前进作业方式。单人采茶机的机动性较好，能适应较复杂地形的茶园采摘，但操作难度较大。单人采茶机采摘也是来回两个行程完成1行茶树的采摘，需要注意的是两个行程中间的新梢要采净，尽量减少重复采摘，减少鲜叶的碎叶比例，提高鲜叶的质量并提高作业效率。

随着机采年份的增加，茶树叶层逐渐变薄，叶面积指数与茶树载叶量下降，茶树对夹叶在芽叶中所占比例增加，若不进行合适的留养，会直接影响茶叶产量与品质，使茶树出现早衰，以致不宜进行机采。通过合理留养，可以增厚叶层、增加叶量，调节树体营养“源”与“库”的平衡，保证茶树良好的生长势。因此，留养技术是机采茶园栽培管理中的一项重要措施。

一般来说，留养的标准要根据机采茶树叶量的多少来确定。调查研究发现，可将叶层厚度小于10cm、叶面积指数小于3作为机采茶园需要留养的园相指标。留养时期的选择也很关键，从经济角度考虑可选择在1年中产量比重小、生产效益低的轮次作为留叶时期。例如，湖南、浙江一带可选择在秋季的4轮茶留养，广东则可选择在春季1轮茶或秋季末轮茶留养；长江中、下游茶区较多选择秋季留养1批秋梢不采，或留1～2片大叶不采；也有的选择在其他茶季适当提高采摘高度，留蓄部分芽叶。对于树冠表层机械经常切割部位已形成鸡爪枝或树体过高的茶树，应先行深修剪、重修剪后，再行留养。一般机采五、六年生的茶树须考虑留养，留蓄1季秋梢，其效果可维持2～3年。

（三）鲜叶盛装和运输

盛放手采鲜叶的容器应为洁净、卫生、透气良好的硬质专用网眼竹篮或竹筐，盛叶量不超过75%。禁用塑料袋、尼龙编织袋、化肥袋、饲料袋等软质包装材料。机采鲜叶应配备清洁卫生的专用集叶袋。鲜叶盛装、运输过程中应轻放、轻翻、禁压，减少机械损伤。运输工具应清洁、卫生，运输时避免日晒、雨淋，运输过程不得与有异味、有毒的物品混装。

二、手采鲜叶评级标准

（一）单芽鲜叶评级标准

单芽鲜叶评级标准见表5-1。

表5-1　单芽鲜叶评级标准

等级	要求
特级	单芽占95%以上，一芽一叶初展占5%以下
一级	单芽占80%以上，一芽一叶初展占20%以下
二级	单芽占70%以上，一芽一叶初展占30%以下
三级	单芽占60%以上，一芽一叶初展占40%以下

（二）名优茶鲜叶评级标准

名优茶鲜叶评级标准见表5-2。

表5-2　名优茶鲜叶评级标准

等级	要求
特级	一芽一叶初展在95%以上，芽长于叶，芽叶完整、匀净
一级	一芽一叶至一芽二叶初展，一芽二叶初展在10%以下，芽叶完整、匀净
二级	一芽一叶至一芽二叶初展，一芽二叶初展在30%以下，芽叶完整、匀净
三级	一芽二叶初展在50%以下，芽叶完整、匀净

（三）大宗红、绿茶鲜叶评级标准

大宗红、绿茶鲜叶评级标准见表 5-3。

表 5-3　大宗红、绿茶鲜叶评级标准

级别	感官指标				芽叶组成		
	嫩度	匀度	净度	鲜度	一芽二、三叶	一芽三、四叶	单片
一级	色绿微黄，叶质柔软，嫩茎易折断。正常芽叶多，叶面多呈半开面状	匀齐	好	新鲜，有活力	60%以上	35%以上	5%以下
二级	绿色稍深，叶质稍硬，嫩茎可折断。正常芽叶尚多，叶面呈展开状	尚匀	较好	新鲜，有活力	45%以上	40%以下	15%以下
三级	深绿稍暗，叶质硬，有刺手感。单片叶较多	欠匀齐	尚好	尚新鲜	30%以下	50%以上	20%以下

三、机采鲜叶评级标准

机采鲜叶评级标准见表 5-4。

表 5-4　机采鲜叶评级标准

加工茶类	新梢标准
大宗茶	一芽二、三叶及其对夹叶达到 60%
优质茶	一芽一、二叶及以上新梢达到 70%
优质茶＋大宗茶	一芽三叶及其对夹叶到达 60%时，先以优质茶的标准采摘，然后以大宗茶采摘方式将鲜叶全部采摘

第四节　绿茶标准化加工

绿茶是一种经过杀青及造型等工艺加工而成的不发酵茶，全世界70%以上的绿茶产自中国。绿茶在我国的生产范围极为广泛，浙江、安徽、贵州、湖南和湖北等地均生产绿茶。由于绿茶生产历史悠久、工艺简单、口感鲜爽、生产期早而受到我国消费者的普遍认可，产销量极大。绿茶具有香高、味醇、形美、耐冲泡等特点。其制作工艺流程为杀青→揉捻→做形→干燥。由于加工时干燥的方法不同，绿茶又可分为炒青绿茶、烘青绿茶、蒸青绿茶和晒青绿茶。绿茶是不发酵茶，所以会保留比较多鲜叶的天然营养物质，具有“干茶绿、汤色绿、叶底绿”的特征[15-19]。

一、主要绿茶品种

1. 西湖龙井

西湖龙井是我国的第一名茶，自唐宋至今已有 1200 多年的历史，产于浙江杭州西湖的狮峰、龙井、五云山、虎跑、梅家坞一带，历史上曾分为狮、龙、云、虎、梅 5 个品类，其中多认为以产于狮峰的品质为最佳。西湖龙井茶品质卓越，其品质特点为外形扁平挺秀，色泽绿翠，内质清香味醇，冲泡后其芽叶色绿。西湖龙井以“色绿、香郁、味甘、形美”四绝闻名于世，被誉为“绿茶皇后”，是杭州的城市“金名片”（图 5-1）。

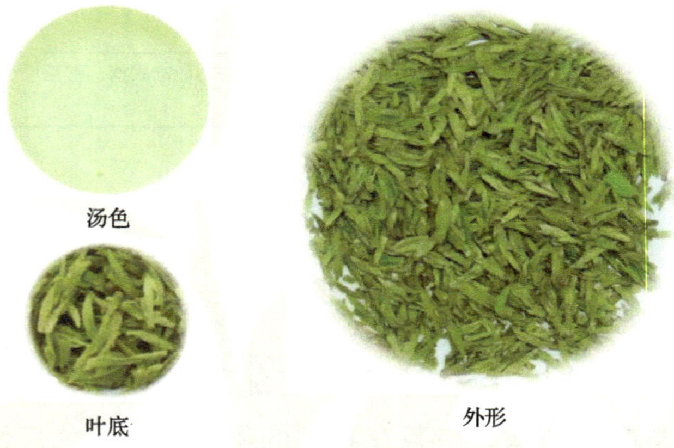

图 5-1　西湖龙井

2. 洞庭碧螺春

洞庭碧螺春产于江苏省苏州市太湖之滨的洞庭山，是我国名茶中的珍品，以“形美、色艳、香浓、味醇”四绝闻名于中外。洞庭碧螺春的品质特点为条索纤细、卷曲成螺、满身披毫、银白隐翠、清香淡雅、鲜醇甘厚、回味绵长，冲泡后其汤色碧绿清澈，叶底嫩绿明亮。素有“一嫩三鲜”（芽叶细嫩、色鲜艳、香鲜浓、味鲜醇）之美誉。当地茶农对碧螺春描述为“铜丝条，螺旋形，浑身毛，花香果味，鲜爽生津”。其外形特点如图 5-2 所示。

3. 安吉白茶

安吉白茶虽名字中带一个“白”字，但却是地道的绿茶。安吉白茶（白叶茶）是一种珍罕的变异茶种，属于低温敏感型茶叶，其温度阈值约为 23℃。茶树产白茶的时间很短，通常仅 1 个月左右。以原产地浙江安吉为例：春季时温度低，清明前萌发的嫩芽因叶绿素含量低而呈白色；谷雨前，茶芽色渐淡，多数呈玉白色；谷雨后至夏至前，逐渐转为白绿相间的花叶；夏至，芽叶恢复为全绿，与一般绿茶无异。安吉白茶是在特定的白化期内采摘、加工和制作的，茶叶经冲泡后，其叶底也呈现玉白色，这是安吉白茶特有的性状。安吉白茶外形似凤羽，色泽翠绿间黄，光亮油润（图 5-3）。冲泡后香气清鲜持久，滋味鲜醇，汤色清澈明亮，叶底芽叶细嫩成朵，叶白脉翠。安吉白茶富含人体所需的 18 种氨基酸，其氨基酸含量为 5%～10.6%，高于普通绿茶 3～4 倍，多酚类少于其他绿茶，所以安吉白茶滋味特别鲜爽，没有苦涩味。

图 5-2　洞庭碧螺春

图 5-3　安吉白茶

4. 黄山毛峰

黄山毛峰主产地在安徽省黄山一带，包括黄山风景区、汤口、芳村、岗村、充川、桃花峰、云谷寺等地区。从清明、谷雨期间采摘至立夏结束，叶片鲜嫩。黄山毛峰干茶条索细扁、翠绿中略泛黄色，油亮有光泽，外叶将茶芽包裹于中间，外形秀美（图 5-4）。干茶香如兰花香或板栗香，清新怡人。冲泡后，品质较佳的黄山毛峰会在水中竖立，然后徐徐下沉，芽叶十分漂亮；汤色浅黄且清澈，汤中香气馥郁，入口滋味鲜浓，回味甘爽。

5. 庐山云雾

庐山云雾产于江西省九江市的庐山，那里终年云雾缭绕，降水丰沛，温差较小。优越的气候条件使云雾茶形成了其独特的香气和口感。云雾茶有六绝："条索粗壮、青翠多毫、汤色明亮、叶嫩匀齐、香凛持久、醇厚甘甜"。庐山云雾条索秀丽紧实、茶芽肥、色泽绿润且茶毫显著，香气凛然持久，冲泡后茶汤浅黄清透，入口滋味浓厚鲜醇，香气宛如幽兰清幽典雅，其外形特点如图 5-5 所示。

图 5-4　黄山毛峰

图 5-5　庐山云雾

6. 信阳毛尖

信阳毛尖主产于河南省信阳市浉河区、新县、商城县及商城县内大别山一带。其中最著名的产地在五云（车云山、集云山、连云山、天云山、云雾山）、两潭（白龙潭、黑龙潭）、一山（震雷山）、一寨（何家寨）、一寺（灵山寺）。根据采制时间的不同，信阳毛尖又可分为明前茶、谷雨茶、春尾茶、夏茶、白露茶。信阳毛尖具有细、圆、光、直、多白毫、香高、味浓、汤色绿的品质特点。其外形匀整、呈鲜绿色、有光泽、白色茶毫显著（图 5-6）。轻嗅干茶发现其具有犹如板栗的熟香，香气纯正高扬。

图 5-6　信阳毛尖

7. 六安瓜片

六安瓜片的主产地为安徽省六安市大别山一带，其中尤以蝙蝠洞产茶区生产的六安瓜片最为正宗。因采用单叶为原料，使六安瓜片茶品外形如瓜子状、叶片边缘卷翘，呈现宝绿润亮色，大小匀整（图 5-7）。冲泡后，茶汤黄绿清透，茶香清新扑鼻，入口鲜醇，回甜甘润。

8. 峨眉竹叶青

坐落于四川省的峨眉山，其独特的气候、地理环境孕育出独特的茶品——峨眉竹叶青。峨眉山历来便是佛家、道家的云集之地，其中万年寺、清音阁、白龙洞等地都盛产竹叶青。竹叶青茶也就有了丰厚的文化底蕴。竹叶青通常在清明前 3～5d 进行采摘，多在一芽一叶或一芽二叶初展时将其采下，经过一系列的精工细作后制成茶品。茶品外形扁平、条索竖直、肥厚带白毫、茶叶两头尖细宛如竹叶，呈翠绿色，茶香高扬（图 5-8）。冲泡后其茶汤黄绿清亮、入口鲜爽、茶香浓郁。

图 5-7　六安瓜片

图 5-8　峨眉竹叶青

9. 太平猴魁

太平猴魁主产区位于安徽省黄山市黄山区（原太平县），以及新明乡三门村的猴坑、猴岗、颜家一带，其中以猴坑高山茶园为鲜叶制成的尖茶品质最优。太平猴魁外形独特，以两叶包裹一芽为常见，外形扁平挺直，呈深绿色，肥壮厚实，冲泡后，茶汤青绿清澈，挂杯香高爽持久，优质猴魁还会出现类似兰花香气，入口鲜爽醇厚，无苦无涩，回味甘甜（图 5-9）。

10. 都匀毛尖

都匀毛尖是中国十大名茶之一，也是贵州省三大名茶之一。1965年由毛泽东亲自命名，又名白毛尖、细毛尖、鱼钩茶等。都匀毛尖主产区位于团山、哨脚、大槽一带的山中。都匀毛尖在清明前后开始采摘，以一芽一叶为采摘标准。制成茶品后，干茶条索卷曲、外形匀整、呈黄绿色、白色茶毫显著（图 5-10）。冲泡后茶汤绿中带黄、清澈，入口滋味鲜浓、回味甘甜，香气清嫩。

图 5-9　太平猴魁

图 5-10　都匀毛尖

11. 梵净山翠峰茶

梵净山翠峰茶产自武陵山脉主峰——梵净山西麓的印江土家族苗族自治县。于 2005 年获地理标志产品保护，是贵州省十大名茶之一[20]。梵净山翠峰茶属雀舌茶系列、绿茶类，分为特级、一级和二级 3 个等级。其品质特点为色泽嫩绿鲜润、匀整、洁净；清香持久，栗香显露；鲜醇爽口；汤色嫩绿、清澈；芽叶完整细嫩、匀齐、嫩绿明亮。其外形特点如图 5-11 所示。

12. 湄潭翠芽

湄潭翠芽产自贵州省遵义市湄潭县，是中国国家地理标志产品。湄潭翠芽外形扁平光滑，形似葵花籽，隐毫稀见，色泽绿翠，香气清芬悦鼻，栗香浓厚并伴有新鲜花香，滋味醇厚爽口，回味甘甜，汤色黄绿明亮，叶底嫩绿匀整（图 5-12）。

图 5-11　梵净山翠峰茶

图 5-12　湄潭翠芽

13. 雷山银球茶

雷山银球茶是贵州省绿茶类金奖茶王，产自雷山县著名的自然保护区雷公山，采用海拔 1400m 以上的清明前越冬一芽二叶，经过炒制加工后，精制为直径 18～20mm 的小球（图 5-13）。干茶表面银灰墨绿，既美观漂亮，又清香耐泡。雷山银球茶品质优异，叶肉肥硕柔软，香味浓醇，爽口回甘。

14. 贵定云雾贡茶

贵定云雾贡茶产自北纬 26° 云雾山脉，又名鸟王茶，早在元、明、清时期就已成为皇家贡品，清代成为全国八大名茶之一。其芽叶肥大壮实，叶色翠绿，茸毛特多，芽形秀丽，内含物丰富。干茶条索紧卷变曲，白毫充分显露，外形美观，形若鱼钩（图 5-14）。冲泡后茶汤滋味浓酽，汤色碧绿；滋味醇厚，香气浓烈，具有独特浓厚的蜂蜜香。

图 5-13　雷山银球茶

图 5-14　贵定云雾贡茶

二、扁形绿茶标准化加工工艺与技术

（一）加工工艺流程

1. 无毫扁形茶加工工艺流程

摊青→杀青→摊凉→理条→摊凉→整形→摊凉→脱毫→提香→精加工。

2. 有毫扁形茶加工工艺流程

摊青→杀青→摊凉→理条→摊凉→整形→摊凉→提香→精加工。

（二）加工技术

1. 摊青

鲜叶摊放于清洁卫生、设施完好的贮青间或贮青槽、篾质簸盘，不能直接摊放在地面。摊叶厚度为 1～4cm。摊放时间为 4～6h，嫩叶长摊，中档叶短摊，低档叶少摊。雨水叶、露水叶可用脱水机减少表面水分后薄摊，通微风，加快水分蒸发。

摊放程度以摊放叶含水量降至66%～68%，叶稍软、色泽绿略暗、微显清香为适度。

2. 杀青

扁形绿茶鲜叶杀青主要采取以下两种方法。

（1）滚筒连续杀青。采用滚筒连续杀青机进行杀青，杀青温度为140～160℃，感官温度以采用手背在投叶口处略感灼手时开始连续投叶。要求投叶量稳定，火温均匀，保证茶青杀匀杀透。至茶青含水量降为60%～62%，叶色泽由鲜绿转为暗绿，叶质变软，无生青、焦边、爆点，芽叶完整，清香显露即为杀青适度，杀青后及时摊凉。

（2）微波杀青。采用茶叶微波杀青机进行杀青，微波杀青时要求投叶量稳定，温度稳定在140℃左右，至茶青降到含水量为60%～64%，色泽翠绿，叶质柔软，茶香略显时即为杀青适度。

3. 摊凉

将杀青后的茶坯均匀撒在篾质簸盘内摊凉10～20min，使茶叶内水分重新分布均匀。

4. 理条

采用名茶理条机，理条机槽锅温度为70～80℃，速度为180～190r/min，投叶量1.0～1.5kg，时间2～3min。待茶坯至四五成干、叶条扁直、色泽润绿时下机摊凉。

5. 整形

采用名优茶多功能机，整形时锅的温度设为80～85℃，投叶量为1.0～1.2kg。有毫扁形茶和无毫扁形茶的整形步骤如下。

（1）有毫扁形茶。先以 140～150r/min 速度运行 2～3min，然后将速度调至 120～125r/min，加入压力棒 1～2min，至叶色润绿、茶叶扁直、香气已显即可起棒下机。

（2）无毫扁形茶。先以 140～150r/min 速度运行 2～3min；然后将速度调至 120～125r/min，加入压力棒 1～2min 后起棒；再将速度调至 140～145r/min 运行 1～2min，再加入压力棒 1～2min 后起棒；最后将速度调至 130～135r/min，运行 1～2min，直至叶色浅（黄）绿、茶叶扁平直、香气显露即可下机。

6. 脱毫

采用名优茶多功能机脱毫时，保持锅温为 65～75℃，速度为 145～150r/min，投叶量为 1.5～2.0kg，下机前 3min 速度设为 130～135r/min。全程处理时间为 8～12min。至茶叶含水量降至 9%～11%、外形扁平直较光滑时即可下机。

也可使用瓶式炒干机进行脱毫，脱毫时保持温度 40～50℃，处理时间为 25～40min，至茶叶含水量降至 9%～11%、外形扁平直较光滑时即可下机。

7. 提香

采用名优茶多功能机，速度为 120～125r/min，槽锅温度为 80～85℃，投叶量 2.0～2.5kg，处理时间为 4～8min。此时茶叶扁平直，光滑绿润，手捏茶条成粉末，含水量为 4%～6%，当闻到干茶香气扑鼻即可下机冷却装袋。

8. 精加工

按精加工技术相关要求进行，其目的是割除碎茶和片末，剔除暗条，使成茶净度、匀度及色泽一致。

三、卷曲形绿茶标准化加工工艺与技术

（一）加工工艺流程

摊青→杀青→摊凉→揉捻→解块→初烘→摊凉→做形→摊凉→搓团提毫→足干→摊凉→分级归类。

（二）加工技术

1. 摊青

鲜叶摊放于清洁卫生、设施完好的贮青间或贮青槽、蔑质簸盘。摊叶厚度为2～5cm，摊放时间为5～8h；雨水叶、露水叶可用脱水机脱水以减少表面水分，然后薄摊，通微风，加快水分蒸发。摊放至芽叶萎软、色泽暗绿、略显清香为适度。

2. 杀青

卷曲形绿茶杀青常采用以下两种方法。

（1）滚筒连续杀青。选用滚筒连续杀青机时，先开机空转预热15～30min，待筒内温度升至140～160℃，感官温度以用手背伸入进叶端口有灼手感时均匀投叶。要求投叶量稳定，火温均匀。以杀青叶含水量降至63%±2%，叶色暗绿，叶质变软，手握成团，稍有弹性，无生青、焦边、爆点，有清香为适度。

（2）滚筒杀青＋微波辅助杀青。采用滚筒连续杀青机和微波杀青机相结合的方法，摊青叶经滚筒杀青使含水量降至65%后，再使用微波辅助杀青，要求投叶量稳定，温度为100～120℃。以杀青后叶片含水量降至60%，色泽翠绿，叶质柔软，略显清香为适度。

3. 摊凉

杀青叶均匀薄摊于干净的盛茶用具中，摊凉厚度为 2～3cm，时间为 15～25min。要求杀青叶快速冷却至室温或常温，无渥黄或红变现象，叶质柔软，光泽变暗，手握有湿感，不粘手。

4. 揉捻

采用揉捻机进行揉捻，装叶量以自然装满揉桶为宜，采用空揉 5～7min、轻揉 5～8min、空揉 1～3min 的揉捻方式。要求揉至叶质变软、有黏手感、手握成团而不弹散、少量茶汁外溢、成条率 80%以上为适度。

5. 解块

采用茶叶解块机及时解散揉捻叶中的团块。

6. 初烘

初烘采用五斗烘干机或链板烘干机，烘干机进风口温度保持在 90～110℃。烘至叶色转暗、条索收紧、茶条略刺手为适度。

7. 摊凉

初烘后的茶坯均匀摊放于干净的盛茶用具中，摊凉 25～30min。

8. 做形

做形选用曲毫机，温度设为 70～90℃，整形时间为 40～50min，前 30min 用大幅，后 10～20min 调到小幅。做形至茶条卷曲、毫毛较显略有刺手感时为宜。

9. 摊凉

做形的茶叶均匀薄摊于干净的盛茶用具中，摊凉 15～25min，用 10 目筛分碎末。

10. 搓团提毫

经摊凉的做形茶叶投入五斗烘干机中，烘干机进口风温 70～75℃，每斗投叶量 1.0kg。搓团力量稍轻，将适量茶团握于两手心，沿同一方向回搓茶团，反复数次至毫毛显露、茶条刺手为止。时间 10～15min，至茶叶九成干时下机。

11. 足干

采用烘干机，进风口温度为 70～90℃，摊叶厚度为 2～4cm，烘干时间为 8～10min，烘干至手捻茶叶成粉末时为宜。

12. 摊凉

足干后的茶坯均匀摊放于干净的盛茶用具中，摊凉 20～25min，茶坯完全冷却后进行分级归类。

13. 分级归类

按相关卷曲形绿茶分级要求进行分级归类。

四、颗粒形名优绿茶标准化加工工艺与技术

（一）加工工艺流程

摊青→杀青→摊凉→揉捻→解块→初烘→摊凉→做形→足干→摊凉→分级归类。

（二）加工技术

1. 摊青

鲜叶堆放于清洁卫生、设施完好的贮青间、贮青槽或篾质簸盘等。摊叶厚度为 10～12cm，摊放时间为 6～8h。雨水叶、露水叶可用脱水机脱水以减少表面水分，然后薄摊，通微风，加快水分蒸发。摊放至叶萎软、色泽暗绿、略显清香为适度。

2. 杀青

采用滚筒连续杀青机，杀青前先开机空转 15～30min 进行预热，待筒内空气温度升至 140～160℃、感官温度为用手背伸入进叶端口感觉有灼手感时均匀投叶。要求投叶量稳定，火温均匀。杀青至叶色暗绿，叶质变软，手捏成团，稍有弹性，无生青、焦边、爆点，清香显露为适度。

3. 摊凉

杀青后要及时摊凉，将杀青叶均匀薄摊于干净的盛茶用具中，摊放厚度为 2～5cm，时间为 10～15min。要保证杀青叶快速冷却至室温或常温，摊凉至杀青叶无渥黄或红变现象，叶质柔软，光泽变暗，手握有湿感，不粘手为适度。

4. 揉捻

采用揉捻机进行揉捻，转速为 45～50r/min，揉捻时间为 15～20min，全程不加压，使杀青叶在揉桶内轻松翻滚轻揉，待茶叶均匀成条无断碎时即可。

5. 解块

采用茶叶解块机解散揉捻叶中的团块。

6. 初烘

采用烘干机进行烘干。温度设定为80～100℃，时间为10～15min。要求烘匀、烘透，烘至叶相由嫩绿转为墨绿、手握不刺手为宜。

7. 摊凉

初烘叶均匀薄摊放于干净的盛茶用具中，摊放厚度为5～10cm，摊凉时间为15～25min。

8. 做形

采用曲毫炒干机进行做形，锅温设定为80～100℃，投叶量每锅4～6kg（约大半锅），温度先低后高，使茶叶在锅中有一个初步做形过程，做形时间为40～45min。当茶叶初步成形后及时下锅摊凉，再把摊凉后的茶叶两锅并一锅继续在曲毫炒干机中做形，做形时间为50～60min，温度为60～80℃。至锅中茶叶达到圆润、紧结、七八成干时下锅摊凉。

9. 足干

采用烘干机进行足干，要求烘匀、烘透、烘香、保绿。烘干机温度为60～100℃，时间为40～60min。烘至做形叶含水量为6.5%～7.5%时下锅摊凉。

10. 摊凉

足干茶坯均匀薄摊放于干净的盛茶用具中，摊放厚度为5～10cm，摊凉时间为20～25min，至茶坯完全冷却后进行分级归类。

11. 分级归类

按相关颗粒形绿茶的分级要求进行分级归类。

第五节　白茶标准化加工

白茶是一种微发酵茶，选用白毫较多的芽叶，以不经揉炒的特殊工艺加工而成。成品白茶多为芽头，因满披白毫、如银似雪而得名。白茶的制作工艺包括萎凋、烘焙、复火等流程。白茶的鲜叶要求“三白”，即嫩芽及两片嫩叶均要有白毫显露。白茶根据茶树品种、采摘的标准不同，分为芽茶（如白毫银针）和叶茶（如贡眉）。采用单芽为原料加工而成的白茶为芽茶，称之为银针；采用完整的一芽一、二叶，且叶背具有浓密的白色茸毛加工而成的白茶为叶茶，称之为白牡丹（大白茶品种树，以采自春茶第 1 轮嫩梢者品质为佳）。白茶具有外形芽毫完整或形态犹如花朵、满身披毫、毫香清鲜，汤色清中显绿、滋味清淡回甘的品质特点[15-19]。

一、主要白茶品种

1. 白毫银针

白毫银针创制于 1796 年，原产地在福建，主要产区为福鼎、政和、松溪、建阳等地，有中国十大名茶的称号，素有茶中“美女”“茶王”之美称。白毫银针采用福鼎大白茶、政和大白茶良种茶树的茶芽制作而成，由于鲜叶原料全部是茶芽，白毫银针制成成品茶后，其外形挺直似针，满披白毫，如银似雪，因此命名为白毫银针。其针状成品茶长约 3cm（图 5-15）。

2. 白牡丹

白牡丹主产于福建，是福建省的历史名茶。白牡丹的原料采自政和大白茶、福鼎大白茶及福建水仙等优良茶树品种，是以毫芽肥壮、洁白的春茶为原材料加工而成。白牡丹因干茶绿叶夹银白色毫心，形似花朵，冲泡后绿叶托着嫩芽，宛如蓓蕾初放，因而得名白牡丹。白牡丹干茶两叶抱一芽，叶态自然，色泽深灰绿或暗青苔色，叶张肥嫩，呈波纹隆起，叶背遍布洁白绒毛，叶缘向叶背微卷，芽叶连枝（图 5-16）。冲泡后汤色杏黄或橙黄，叶底浅灰，叶脉微红，汤味鲜醇。

图 5-15　白毫银针

图 5-16　白牡丹

3. 贡眉

贡眉主产于福建省南平市的松溪县、政和县、建阳区、建瓯市、浦城县等地，是白茶中产量最高的一个品项，其产量占白茶总产量的 50% 以上。贡眉以采摘群体种的一芽二叶至一芽三叶为原料，经过萎凋、干燥加工而成。优质贡眉毫心显而多，色泽翠绿，汤色橙黄或深黄，叶底匀整、柔软、鲜亮，叶张主脉迎光透视呈红色。冲泡后茶汤味醇爽，香鲜纯持久（图 5-17）。

4. 寿眉

寿眉，主产于福建省宁德市的柘荣县和福鼎市管阳镇、磻溪镇、点头镇，南平市的政和县、建阳区、松溪县等地，是白茶的一个品种，因其外形酷似老寿星的眉毛而得名。它与白毫银针、白牡丹的主要区别在于采用的鲜叶等级不同。寿眉是将刚采下的去掉芽头的鲜叶进行萎凋后烘干而得（通常去掉的芽头用于制作白毫银针）。寿眉干茶的每片叶片叶缘略微卷曲，叶背满披白毫（图 5-18）。寿眉的鲜叶原料较老，叶片中的茶多糖含量较高，茶梗中的多糖含量尤其高。在后期的转化过程中，寿眉在香气方面有明显的优势。

图 5-17　贡眉

图 5-18　寿眉

5. 新工艺白茶

新工艺白茶简称新白茶，是按照白茶的加工工艺，在萎凋步骤后加入轻揉程序而制成（图 5-19）。新工艺白茶的外形叶张开，略有缩褶，呈半卷条形，色泽暗绿带褐。冲泡后香清味浓，汤色、滋味似绿茶但无清香，似红茶但无酵感，其品质特征为浓醇清甘。新工艺白茶条形较贡眉紧卷，汤味较浓，汤色较浓，一直以来深受消费者的喜爱。

图 5-19　新工艺白茶

二、白茶标准化加工工艺与技术

（一）加工工艺流程

1. 初制工艺流程

根据萎凋方式不同，白茶标准化加工初制工艺流程可以分为以下3种方式。①自然萎凋加工工艺流程：鲜叶验收和摊放→自然萎凋→干燥→毛茶。②加温萎凋加工工艺流程：鲜叶→加温萎凋→干燥→毛茶。③复式萎凋加工工艺流程：鲜叶验收和摊收→自然萎凋→加温萎凋→干燥→毛茶。

2. 精制工艺流程

毛茶→拣剔→拼配→匀堆→复烘→包装→成品茶。

（二）加工技术

1. 初制加工技术

（1）鲜叶验收和摊放。鲜叶进厂应分级验收，不同级别的鲜叶分别摊放，晴天叶与雨（露）水叶分开，上午采的叶与下午采的叶分开，不同嫩度、不同品种的芽叶分开。鲜叶摊放环境应清洁卫生、阴凉、通风、防雨、防雾，避免日晒，贮运过程轻放轻翻。鲜叶应及时付制，不积压。

（2）萎凋。①摊叶量：水筛摊叶量为0.1～0.13g/cm^2；萎凋帘摊叶厚2～3cm，摊叶量为0.06～0.08g/cm^2；萎凋槽摊叶厚20～25cm。②萎凋温度：春茶自然萎凋的温度为15～25℃，夏秋茶温度为25～35℃；加温萎凋室内温度为25～35℃。③萎凋时间：自然萎凋时间宜控制在36～50h；加温萎凋和复式萎凋时间宜控制在30～40h。④萎凋程度：萎凋至叶片含水量达20%以下即为适度，可适时烘干。

（3）干燥。干燥温度要平稳，防止忽高忽低。干燥次数为 2～3 次，温度不超过 100℃。烘干后的白牡丹、贡眉和寿眉毛茶含水率为 8%～9%，白毫银针在 8%以下。

（4）毛茶定级归堆拼配和付制。①定级：应对进厂毛茶进行全面品质评审，对照加工标准，确定加工级别。②归堆：在定级的基础上，把原料分成季节堆、品种堆。③拼配：待拼配的毛茶原料应先进行全面品质评审，内外品质兼顾，以嫩度、色泽、形态为主，按季节分片拼堆。付制：按嫩度不同、色泽不同严格分开，以高、中、低级产品为序分别付制。

2. 精制加工技术

（1）拣剔。毛茶拣剔应按级别进行，动作要轻，以防芽叶断碎。白毫银针要求拣去焦红、红变、暗红、发黑的银针，以及绽开芽、叶片和各种非茶类夹杂物。高级白牡丹要求拣去蜡叶、黄叶、红张叶、梗片、粗老叶及非茶类夹杂物；中级白牡丹要求拣去蜡叶、黄叶、粗老叶、梗片及非茶类夹杂物；低级白牡丹要求拣去梗片和非茶类夹杂物。高级贡眉要求拣去蜡叶、黄叶、红张叶、粗老叶及非茶类夹杂物；中级贡眉要求拣去蜡叶、黄叶及非茶类夹杂物；低级贡眉和寿眉要求拣去非茶类夹杂物。

（2）拼配。经品质鉴定的各堆号茶应按级（批）、按堆、按号放置，注明标志后，每号扦取 500～1000g 小样待拼。以本批加工的各堆各筛号茶为主，结合其他批上升、下降后符合本批质量要求的各堆号、各筛号茶进行拼配。对按比例拼配的样品，先取 500g 样品置于烘干箱内 120℃干燥 15min，然后再从干燥样品中取 150g 左右，对照标准样对各项品质因子的高、低或匀称度进行调整，使其符合标准样后再按比例拼堆；对于不能拼入本级的堆号茶待后处理。

3. 匀堆

按半成品匀堆比例进行匀堆，数量大的堆号茶分两次错开进堆，做到各堆号茶的上、中段茶分散均匀一致。

4. 复烘

匀堆后的半成品白茶还要进行复烘，不同品种的白茶复烘条件也不尽相同。白毫银针的复烘温度为 80～85℃，白牡丹的复烘温度为 90～110℃，贡眉和寿眉的复烘温度为 110～130℃。复烘时间均为 10～15min，烘至含水量降至 5%～6%为宜。

5. 包装

复烘后的茶叶须趁热包装，包装要求动作轻柔，采用“三倒三摇”（即每盒装 3 次，每次摇动茶叶盒使茶叶紧实）法，装盒时要分层抖动，不得用重力压。

第六节　黄茶标准化加工

黄茶属轻发酵茶类，加工工艺近似绿茶。其制作过程为：鲜叶杀青→揉捻→闷黄→干燥。黄茶的杀青、揉捻、干燥等工序均与绿茶制法相似，其最重要的工序是在干燥过程的前或后增加了一道“闷黄”的工艺，促使其多酚、叶绿素等物质部分氧化，这是形成黄茶特点的关键。主要做法是将杀青和揉捻后的茶叶用纸包好，或堆积后以湿布盖之，时间以几十分钟或几个小时不等，促使茶坯在水热作用下进行非酶性的自动氧化，形成黄色。黄茶的品质特点是“黄叶黄汤”[15-19]。

根据鲜叶老嫩和芽叶大小，黄茶又可分为黄芽茶、黄小茶和黄大茶。黄芽茶主要有君山银针、蒙顶黄芽和霍山黄芽；黄小茶主要有北港毛尖、平阳黄汤、沩山毛尖等，而安徽皖西金寨、霍山黄大茶、湖北英山和广东大叶青则均为黄大茶。

一、主要黄茶品种

1. 君山银针

君山银针产自湖南省岳阳市洞庭湖中的君山岛，因其叶形细如针，故名君山银针。其成品茶芽肥壮，紧实挺直，芽身金黄，满披银毫，茶芽外形很像一根根银针，雅称“金镶玉”。冲泡后汤色橙黄明净，香气清纯，滋味甜爽，叶底嫩黄匀亮。用洁净透明的玻璃杯冲泡君山银针时，可以看到初始芽尖朝上、蒂头下垂而悬浮于水面，随后缓缓降落，竖立于杯底，忽升忽降，起浮最多可达 3 次，故君山银针有“三落三起”之称（图 5-20）。

2. 蒙顶黄芽

蒙顶黄芽为黄茶类名优茶中珍品，产自四川省雅安市名山蒙顶山。蒙顶黄芽采摘于春分时节，当茶树上有 1/10 左右的芽头鳞片展开即可开园。采摘蒙顶黄芽需要选取肥壮的芽头和一芽一叶初展，采回的嫩芽要及时摊放、加工。蒙顶黄芽外形扁直，色泽嫩黄，芽毫毕露（图 5-21）。冲泡后甜香浓郁，汤色黄亮，滋味鲜醇回甘，叶底全芽，嫩黄匀齐。

图 5-20　君山银针

图 5-21　蒙顶黄芽

3. 平阳黄汤

平阳黄汤产自浙江省温州市平阳县，主要产于朝阳山，与君山银针、蒙顶黄芽、霍山黄芽等黄茶齐名。平阳黄汤是选用平阳特早茶或当地群体种等茶树品种优质鲜叶为原料，以特定加工工艺精工细制而成的具有地方特色的名优产品，其加工技艺纯熟，品质优异，风味独特，外形纤秀匀整，具有干茶显黄、汤色杏黄、叶底嫩黄的“三黄”特征（图 5-22）。

4. 广东大叶青

大叶青茶是广东的特产，是黄大茶的代表品种之一，主要产区位于广东省韶关、肇庆、湛江等地。广东大叶青的品质特点是：外形条索肥壮、紧结、重实，老嫩均匀，叶张完整、显毫，色泽青润显黄，香气纯正，滋味浓醇回甘（图 5-23）。冲泡后汤色橙黄明亮，叶底淡黄。

图 5-22　平阳黄汤

图 5-23　广东大叶青

二、黄茶标准化加工工艺与技术

（一）加工工艺流程

1. 芽型黄茶加工工艺流程

湿坯闷黄型：鲜叶→杀青→闷黄→初烘或做形→干燥。

干坯闷黄型：鲜叶→杀青→做形和（或）初烘→闷黄→干燥。

2. 芽叶型黄茶加工工艺流程

先揉后闷型：鲜叶→杀青→揉捻（做形）→闷黄→干燥。

先闷后揉型：鲜叶→杀青→闷黄→揉捻（做形）→干燥。

3. 多叶型黄茶加工工艺流程

先揉后闷型：鲜叶→杀青→揉捻→初烘（炒）→闷黄→干燥。

先闷后揉型：鲜叶→杀青→初闷→揉捻→初烘（炒）→复闷→干燥。

（二）加工技术

1. 芽型黄茶加工技术

（1）鲜叶。芽型黄茶鲜叶原料选择单芽或一芽一叶初展。

（2）杀青。杀青时须掌握适宜的投叶量、杀青温度及杀青时间，杀青至含水量50%～60%为适度。

（3）闷黄。①湿坯闷黄。杀青叶趁热初闷，初闷温度为50～60℃，堆闷0.5～1.0h后翻拌去除水气，待叶温下降至32～37℃时进行初烘（炒），温度为60～80℃，时间为5～8min，初烘后趁热复闷5～7h，至茶坯含水量35%～45%，芽色金黄为适度。若用炒制工艺，则可采用手工或理条机做形。②干坯闷黄。杀青叶直接进行初烘（炒）或经摊凉后初烘（炒），至茶坯含水量为40%～50%后，初闷1～2d，至芽色橙黄时进行复烘（炒），烘（炒）至含水量降为20%～30%后，复闷1～2d，至芽色金黄为适度。若用炒制工艺可采用手工或理条机做形。

（4）干燥。采用手工或机械烘（炒）干。干燥方式分为低温长烘（炒）（60～80℃）和高温短烘（炒）（100～110℃）两种，烘（炒）至茶叶含水量降至6.5%以下为适度。

2. 芽叶型黄茶加工技术

（1）鲜叶。芽叶型黄茶鲜叶选择一芽一叶、一芽二叶初展。

（2）杀青。芽叶型黄茶的杀青方式与芽型黄茶相同。

（3）先揉后闷。①揉捻（做形）。采用手工揉捻或机械揉捻。按轻—重—轻原则进行揉捻至叶片卷成条索状。或采用理条机做形，槽锅温度为115～125℃，至茶条挺直、含水量降至45%～50%为适度。②闷黄。揉捻叶趁热进行闷黄，闷至叶色变黄时进行复炒并结合搓条，60～70℃炒揉至茶坯含水量20%～35%、叶色变黄为适度。理条叶趁热闷黄至叶色橙黄时进行复烘，45～60℃再趁热复闷至茶坯含水量降至 20%～35%、叶色变黄为适度。

（4）先闷后揉。①闷黄。先闷后揉中的闷黄分为一次性闷黄和两次闷黄（初闷和复闷）。对于一次性闷黄，杀青叶趁热闷黄 6～8h，至叶色变黄为适度。对于两次闷黄，杀青叶先趁热进行堆闷（初闷），15～30min 后解堆摊放，再进行复炒并结合差条（做形），温度为 90～110℃，炒至茶坯含水量降至 20%～30%时再次闷黄（复闷），至叶色变黄为适度。②揉捻（做形）。对于一次性闷黄的闷黄叶，采用手工揉捻或机械揉捻，揉捻至叶缘微卷为适度；或采用手工做形或理条机做形，揉捻至茶叶条索挺直为适度。对于两次闷黄，则无须进行揉捻，可直接进入干燥工序。

（5）干燥。干燥方式分为低温长烘（炒）（70～80℃）或高温短（炒）（100～110℃）两种，烘干至茶坯含水量降至 6.5%以下为适度。

3. 多叶型黄茶加工技术

（1）鲜叶。多叶型黄茶鲜叶选择一芽多叶和对夹叶。

（2）杀青。多叶型黄茶的杀青方式与芽型黄茶和芽叶型黄茶相同。

（3）先揉后闷。①揉捻。采用机械揉捻，按轻—重—轻原则对杀青叶进行趁热揉捻，揉至成条率在 70%以上为适度。②初烘（炒）。采用机械初烘（炒），烘（炒）至含水量降至 20%～30%为适度。③闷黄。将初烘（炒）叶趁热堆积闷黄，时间为 5～7d，闷至叶色变黄、香气透露时为适度。

（4）先闷后揉。①初闷。杀青叶趁热堆积闷黄 3～4h，闷至叶色微黄。②揉捻。采用机械揉捻，按轻—重—轻原则进行，揉至成条率在 70%以上为适度。③初烘（炒）。采用机械初烘（炒），烘（炒）至茶坯含水量降至 20%～30%为适度。④复闷。将初烘（炒）叶趁热堆积闷黄，时间为 2～3d，烘至叶色变黄、香气透露时为适度。

（5）干燥。①毛火。采用烘干机或滚筒炒干机进行干燥，烘（炒）至茶坯含水量降至 10%～15%后下烘摊放。②足火。采用烘干机或滚筒炒干机烘（炒）干至茶坯含水量在 7%以下为适度。

第七节　青茶标准化加工

青茶又称乌龙茶，属半发酵茶，青茶品种较多，是中国几大茶类中独具鲜明特色的茶叶品类。青茶是经过采摘、萎凋、摇青、炒青、揉捻、烘焙等工序后制出的品质优异的茶类[15-19]。青茶由宋代贡茶龙团、凤饼演变而来，创制于 1725 年（清雍正年间）前后。青茶品尝后令人齿颊留香，回味甘鲜。青茶的药理作用突出表现在分解脂肪、减肥、健美等方面。在日本，青茶被称为美容茶、健美茶。

青茶为中国特有的茶类，主要产于福建的闽北、闽南及广东、台湾 3 个省的 4 个产区。四川、湖南等省也有少量生产。青茶除了内销广东、福建等省外，主要出口日本和东南亚等国。

一、主要青茶品种

1. 安溪铁观音

安溪铁观音主要产自福建安溪，具有香清、甘活、味醇、音韵显等特点，其干茶肥壮圆结，沉重匀整，色泽砂绿，整体形状似蜻蜓头、螺旋体、青蛙腿（图 5-24）。冲泡后其汤色金黄浓艳，蕴含天然兰花香；滋味醇厚甘鲜，回味悠久，独具观音韵（清香雅韵），俗称有“音韵”，铁观音茶香高而持久，素有“七泡有余香”之美誉。

2. 武夷岩茶

武夷岩茶是中国传统名茶，是具有岩韵（岩骨花香）品质特征的青茶。产于福建武夷山一带，茶树生长在岩缝之中。只有生长在福建省武夷山市、用独特的传统工艺加工制作而成的青茶才叫武夷岩茶。武夷岩茶具有绿茶之清香，红茶之甘醇，是中国青茶中之极品。其品质特征为叶端扭曲，似蜻蜓头，色泽铁青带褐，油润有弹性，内质活、甘、清、香，有明显的岩骨花香。武夷岩茶的产品分为大红袍、名丛、肉桂、水仙、奇种 5 种。其中以大红袍最为名贵。

大红袍是武夷传统四大珍贵名丛之一，其外形条索紧结，色泽绿褐鲜润（图 5-25）。冲泡后汤色橙黄明亮，叶片红绿相间。大红袍品质最突出之处为香气馥郁，有兰花香，香高而持久，“岩韵”明显。

图 5-24　安溪铁观音

图 5-25　大红袍

3. 凤凰单丛

凤凰单丛属条形青茶，产自广东潮州市潮安区凤凰山（镇），因选用树型高大的凤凰水仙群体品种中的优异单株单独采制而得名。实际上，凤凰单丛是众多优异单株的总称。凤凰单丛干茶直挺肥硕，黄褐似鳝鱼皮色，有天然优雅花香，滋味浓郁、甘醇、爽口，具特殊山韵蜜味，汤色清澈似油茶，叶底青蒂绿腹红镶边，耐冲泡，有“形美、色翠、香郁、味甘”的独特品质（图 5-26）。因成茶香气、滋味的差异，当地习惯将单丛茶按香型分为 80 多个品系，其中典型的有黄枝香、肉桂香、芝兰香、杏仁香、茉莉香、通天香等。

图 5-26　凤凰单丛

4. 东方美人

东方美人又称椪风茶、香槟乌龙茶，因其茶芽白毫显著，又名白毫乌龙茶，是台湾独有的名茶。东方美人是半发酵青茶中发酵程度最重的茶品，一般发酵程度为 60%，有些甚至高达 75%～85%，故不会产生任何生青臭味，且不苦不涩。东方美人所用鲜叶必须是炎夏 6、7 月农历芒种至大暑间、被小绿叶蝉吸食过的细嫩茶叶。主要产于台湾省新竹县北埔乡、峨眉乡及苗栗县等地。干茶有五色（红、黄、白、青、褐）（图 5-27）。冲泡后汤色偏红，熟果香明显。

图 5-27　东方美人

二、青茶标准化加工工艺与技术

（一）加工工艺流程

鲜叶选择→晒青→凉青→摇青→杀青→揉捻→毛火→包揉→足火→精制

（二）加工技术

1. 鲜叶选择

青茶加工应选择肥壮、完整、新鲜、有弹性、有较大拉力、均匀一致的成熟叶片。在加工过程中，各工序的制品不得直接接触地面。在加工过程中，允许的物理方法处理制品过程中禁止使用和添加任何食品添加剂。

2. 晒青

晒青通常在采摘当天16:30左右进行，一般以气温20～25℃为宜，晒青时间为10～30min。晒时把鲜叶均匀薄摊在直径100～110cm的水筛上，排放在阳光充足、空气流通的晒场或晒青架上，每筛摊叶0.75～1.0kg，晒青过程中翻拌两次，使晒青均匀。

3. 凉青

晒青后的鲜叶按不同的品种、老嫩和采摘时间分别摊放在水筛上，再按次序放在凉青架上，直径100cm的水筛一般摊叶1.5～2.0kg。凉青过程中每隔1h轻翻1次，一般要翻动1次，以保持鲜叶的新鲜度，控制水分散发的速度，保证含水量相对一致，失重率在5%～8%。凉青适度的茶叶呈轻萎凋状，叶质柔软，叶面光泽消失，叶色变暗，失重率达

7%～9%。凉青后再进行摇青工序。

4. 摇青

摇青是决定青茶品质的关键工序，它与凉青交替进行。使用竹编摇青机进行摇青时要求室温 20℃左右，相对湿度 70%～80%，摇青时的投叶量以占摇青机容积的 1/2 为宜，摇青机转速为 30r/min 左右。摇青的时间控制，以摇青后鲜叶去除青臭味为准。凉青摊叶的厚度由薄到厚。如果叶片变化不明显可以增加摇青的时间或次数。凉青、摇青要反复进行 3 次以上。第 1 次摇青 1～2min，凉青 60～90min；第 2 次摇青 2～3min，凉青 90～120min；第 3 次摇青 3～10min，凉青 120min 以上。符合杀青要求的叶子，要求手握青叶柔软光滑，梗带饱水青绿，叶面黄绿，叶缘朱红色，叶表呈现红色斑点，青色消退，花香呈现，叶面突起呈汤匙状，失重率控制在 8%～10%，细胞破损率控制在 18%～20%。

5. 杀青

使用转筒式杀青机进行杀青。筒体尺寸以 60cm×150cm 为宜，每次投杀青叶 8～10kg，投叶时筒体温度为 280℃左右，杀青时间 7～8min。杀青适度的茶坯气味清纯，叶色由青绿转为暗绿，叶张皱卷，手捏柔软，带有黏性，失重率在 30%左右。

6. 揉捻

使用碗形揉捻机进行茶坯揉捻，揉捻应掌握“趁热、适量、快速、短时”的原则。加压要掌握轻—重—轻的原则，时间为 3～5min。揉捻好的茶叶要及时去边碎眉。

7. 毛火和包揉

毛火和包揉工序包括初烘、初包揉、复烘、复包揉6次以上。

（1）初烘。使用自动烘干机进行初烘，温度为100～120℃，烘至六成干，再进行初包揉工序。

（2）初包揉。使用包揉机进行初包揉，用布袋将初烘叶包紧成球状，每包10～15kg，包揉时间为3～4min。包揉后要立即开包，将茶解开散热，以免闷黄。

（3）复烘。复烘温度85～95℃，烘至四五成干，即茶条手握微感刺手即可下烘进行复包揉。

（4）复包揉。方法同初包揉，复包揉时间为2～3min。

8. 定形

将复包6次以上、含水量小于20%以内的毛茶，用包揉布包裹，紧夹在包揉机夹具内20min。松包后解块并过筛，去除碎屑。

9. 足火

足火采取“低温慢烘，先高后低”。开始时烘干机温度设定为110～120℃，到温后保温10min，再降温至80℃，然后再保温30min。控制茶叶含水量≤6.5%。

10. 精制

精制采用单级付制、单级收回、分别归堆、最后收回同级成品。精制工序为筛分风选→拣剔→干燥→匀堆→装箱。

第八节　红茶标准化加工

红茶属全发酵茶，是以适宜的茶树新芽叶为原料，经萎凋、揉捻（切）、发酵、干燥等一系列工艺过程精制而成的茶。红茶在加工过程中发生以茶多酚酶促氧化为中心的化学反应，鲜叶成分变化较大，茶多酚减少90%以上，产生了茶黄素、茶红素等新成分，香气物质比鲜叶明显增加，具有红茶、红汤、红叶、香甜味醇的特征[15-19]。

红茶的种类较多，自然产地也很广，按照其加工的方法与出品的茶形，一般又可分为三大类：小种红茶、工夫红茶和红碎茶。小种红茶中最知名的是正山小种（也称拉普山小种）；工夫红茶是从小种红茶演变而成的，工夫红茶中较知名的是滇红工夫和祁门工夫红茶；红碎茶是一种碎片茶或颗粒茶叶，红碎茶中较为知名的有滇红碎茶和南川红碎茶。

一、主要红茶品种

1. 正山小种

正山小种红茶开始被称为小种红茶，是国际红茶的开山祖师。产自福建省崇安县星村镇、桐木关等正山产区的小种红茶，才被称为正山小种。正山小种条索肥胖扎实，紧结圆直，色泽漆黑，干茶香气带有浓郁的松香气味，香味浑厚（图5-28）。一般存放一两年后松烟香会进一步转换为干果香。松烟香只有

图5-28　正山小种

传统的烟熏小种才会带有，现在非烟熏小种的口感在商场上更受欢迎，需求量更大，非烟熏的小种更接近甜香、花香。冲泡后汤色不会特别红艳，更多呈现出的是以橙黄色、琥珀色为主。味道浑厚回甘，以桂圆、蜜枣味为首要特征。

2. 坦洋工夫

坦洋工夫红茶是福建三大工夫红茶（坦洋工夫、政和工夫、白琳工夫）之首，散布较广，主要产自福安、柘荣、寿宁、周宁、霞浦及屏南北部等地。坦洋工夫采摘一芽二、三叶，经萎凋、揉捻、发酵、烘干制成。坦洋工夫外形细长匀整，色泽乌黑有光，内质香味清鲜高爽（图 5-29）。冲泡后汤鲜艳呈金黄色，叶底红匀光滑。具有典型的薯香味，并伴随药香。等级高的芽茶，其香气也会比较清雅，还有着蜜甜香、花香。现在为了迎合市场需求，坦洋工夫多走高香路线，高香新种类的红茶汤色没那么深，但花果香明显。口感比较柔软，有甜感，久泡会有微苦。

3. 遵义红

"遵义红"是根据湄潭黔湄系列国家级无性系良种特性，将"湄红"加工工艺与福建政和工夫红茶、坦洋工夫红茶、祁门红茶的加工工艺相结合，不断改进工艺形成的名优工夫红茶产品，受到了消费者的青睐。其品质特征为：成茶形状紧结卷曲匀净，色泽红艳、金毫显露（图 5-30）。冲泡后汤色红亮艳丽，果香浓烈悠长，茶汤滋味鲜醇带有一定浓度、强度、鲜爽度，叶底明亮匀嫩、红亮。

图 5-29 坦洋工夫

图 5-30 遵义红

4. 红碎茶

红碎茶因外形细碎呈颗粒形碎片而得名，也有“红细茶”的叫法。红碎茶在云南、广东、海南、广西、贵州、湖南、四川、湖北、福建等地都有生产。根据茶树品种，可分为大叶种红碎茶和中小叶种红碎茶。

图 5-31 红碎茶

红碎茶的初制工艺特点是在条形红茶加工工序中，以揉切代替揉捻，或揉捻后再揉切，将条形茶切成短小而细的碎茶（图 5-31）。这样可以充分破坏茶叶组织，使茶叶内含物可以在短时间内快速溶解到水中，方便饮用，其滋味“浓、强、鲜、爽”。

二、红茶标准化加工工艺与技术

（一）加工工艺流程

萎凋→揉捻→发酵→干燥。

（二）加工技术

1. 萎凋

萎凋分萎凋槽（室）萎凋和自然萎凋。春季多阴雨天气，气温比较低，可将鲜叶摊在萎凋槽（室）用增温、送风的方式进行萎凋；夏秋季以室内自然萎凋为主，室外阳光萎凋为辅，阳光萎凋应避开中午高温时段。

采用萎凋槽（室）萎凋时，鲜叶摊凉厚度一般为 15～20cm（全芽以 5～10cm 为宜），萎凋时间为 8～12h，前 2h 每隔 30min 翻拌 1 次，后面每隔 1h 翻拌 1 次，温度以 28～32℃为宜，萎凋槽（室）相对湿度以 65%～75%为宜，萎凋至叶片含水量 60%～65%为宜。采用室内自然萎凋时，鲜叶摊凉厚度一般为 3～10cm；萎凋时间为 12～16h，每隔 2h 翻拌 1 次；萎凋室条件为温度 22℃、相对湿度 60%～70%，萎凋至叶片含水量降至 60%～65%为宜。室内自然萎凋宜采取鲜叶先薄摊（3～5cm）用日光萎凋 20～30min，萎凋至叶表面水分散失为宜，中途轻翻 1 次。

无论是萎凋槽（室）萎凋还是自然萎凋，在摊凉时均须根据“嫩叶、雨水叶和露水叶薄摊，老叶厚摊”要求，在指导厚度基础上进行调整。鲜叶含水量 60%～65%时，通常表现为：叶面失去光泽，叶色暗绿，青草气减退，叶形皱缩，叶质柔软，紧握成团，松手可缓慢松散。

2. 揉捻

根据鲜叶嫩度将鲜叶揉捻至紧卷成条、有少量茶汁溢出为适度。揉茶条索不够紧结的可进行复揉。揉捻鲜叶至细胞破损率达 80%以上。

3. 解块

用解块机或手工解散结块茶。

4. 发酵

发酵条件以发酵室温度 26～28℃、叶温不超过 32℃为宜。发酵盘装叶厚度 8～12cm，厚薄均匀。发酵室相对湿度为 90%～95%，保持空气流通。发酵时间为 3～5h，发酵程度掌握在青草气消失，达到三级或四级叶相、出现花果香味、叶色黄红为宜。

5. 初烘

用烘干机进行毛火和足火干燥。毛火干燥烘干机温度为 100～130℃，干燥时间为 10～15min，毛火干燥后茶坯含水量控制在 18%～20%，及时摊凉 30～60min。足火干燥温度为 90～110℃，干燥时间为 30～60min，足火干燥后茶坯含水量控制在 8%左右，烘至用手指捏茶条有刺手感或易碎为适度。

6. 摊凉

将已经干燥的半成品茶坯放在常温环境下摊放 7h 左右，让其水分重新分布。

7. 分级

将摊放后的半成品茶坯进行隔离，人工拣除杂质、杂物、杂色黄片及茶梗后进行分级、匀堆、拼配。

8. 复烘

将拼配后的各级茶坯进行复烘，复烘的温度控制在 60～90℃，复烘时采取先低后高或根据茶叶香气变化情况来确定复烘次数和温度高低，烘至甜香或花果香呈现即可。

三、花果香型红茶加工工艺与技术

近年来，花果香型红茶因其具有独特的花果香滋味而深受消费者的喜爱。花果香型红茶品质特征为：条索紧结匀直，叶色乌黑润泽，花果香、甜香高锐持久，滋味鲜醇或醇爽；冲泡后茶汤花香明显，汤色红艳；叶底红黄软亮。

（一）基本工艺流程

鲜叶选择→日光萎凋→抖青或荡青→室内自然萎凋→揉捻→发酵→烘干→筛分→焙火。

（二）加工技术

1. 鲜叶选择

花果香型红茶原料一般为金牡丹、茗科 1 号、茗科 2 号、瑞香、黄玫瑰、梅占、白芽奇兰、紫玫瑰、春闺、春兰、水仙、黄旦、佛手、八仙茶等高香型乌龙茶品种鲜叶。宜选择在晴天的 10:00～16:00 时段进行采摘，尤以晴天下午采摘为最佳，此时的鲜叶含水量少，易“消水着香”。根据等级标准选择一芽一叶，一芽二、三叶或小至中开面的鲜叶，原料嫩度力求一致。

2. 日光萎凋

日光萎凋可使鲜叶散失部分水分，从而使叶质变柔软、韧性增强，便于后继的荡青（或抖青）。萎凋过程中鲜叶细胞液浓度变高、细胞膜透性增强、酶活性提高、大分子化合物部分分解，青草气部分消退，芳香物质部分形成。红茶鲜叶原料的日光萎凋一般在较弱日光条件下或遮阳网下进行，每平方米摊叶量为 1kg 左右，当鲜叶失重率为 7%～8% 时移入室内薄摊，摊凉 1h 左右，再进行日光萎凋失重 5%～7%（总失重率为 12%～15%）。再移至室内进行摊凉，将日光萎凋叶摊放在室内萎凋筛上，每平方米摊叶量为 1kg 左右，摊凉 1～2h，待青叶还阳（恢复原态）后进入下一道工序。忌全程日光萎凋。日光萎凋还应根据季节、气候、茶树品种、鲜叶含水量等因素进行“看青萎凋”和“看天萎凋”。

3. 抖青或荡青

抖青与荡青的时间长短视原料的老嫩、日光萎凋的失重率、室内萎凋间的温湿度和品种的发酵难易程度而定。

（1）抖青。将日光萎凋的一芽一叶或一芽二、三叶放置于抖青机上，开机抖动，抖动频率为 100 次/min。第 1 次抖动时间为 4s 左右，原料越幼嫩，所需抖动时间越短。例如，水仙、八仙茶、金牡丹属易发酵品种，所需抖动时间最短；铁观音品种属最难发酵品种，所需抖动时间较长；其他品种所需抖动在二者之间。第 1 次抖青结束后，将在制品摊放在萎凋筛上，厚度 1cm 左右，摊叶时间 1h 左右。第 2 次抖青时间为 10s 左右，第 2 次抖青结束后再次摊放，摊叶厚度 1cm 左右，摊叶时间 1.5h。第 3 次采用荡青时，将在制品倒入可变速的荡青机中，转速 2r/min，荡青 5～10min 后，将在制品摊放在萎凋筛上，厚度 1.5cm，进入室内自然萎凋。抖青至叶面由绿转黄绿色为适度。

（2）荡青。将日光萎凋摊凉后的小至中开面的原料倒入可变速的荡青机中，转速为 10r/min，荡青时间的长短视品种发酵的难易程度而定。第 1 次荡青时间为 2～3min，荡青结束后将在制品摊放在萎凋筛上，厚度 1.5cm 左右，摊放时间为 1.0～1.5h。第 2 次荡青时，荡青机转速 15r/min，荡青时间为 5～7min，下机摊放时间 2h，厚度 1.5cm 左右。第 3 次荡青与否视在制品的颜色而定，叶色转黄绿、叶缘部分有红点、香气从青草气转为清花香即荡青适度；如果叶色偏青，可进行第 3 次荡青，荡青时间根据叶色情况而定；如果叶缘红边较显，说明荡青过重，不宜进行第 3 次荡青。荡青下机后进入室内自然萎凋。抖青与荡青摊放环境要求与室内自然萎凋相同。

4. 室内自然萎凋

影响萎凋的外部条件为温度、湿度、通风与摊叶厚度。萎凋室应四面通风，设百叶窗，避免阳光直射。也可用凉青筛、凉青架进行萎凋作业。萎凋室适宜温度为 23～26℃，适宜相对湿度为 65%～75%，相对湿度的高低视品种而定。萎凋摊叶厚度以 1.5～2.0cm 为宜，当萎凋叶服贴在筛面时应进行并筛，三筛并两筛，萎凋后期宜两筛并一筛。萎凋时间主要视萎凋程度、鲜叶老嫩度而定。萎凋程度以叶质柔软，梗折不断，手捏成团、松手不易散，青草气减退，愉悦的清花香透出为适度；此时萎凋叶含水量为 58%～60%，嫩叶重萎凋，老叶、难发酵品种轻萎凋。从抖青（或荡青）至萎凋结束历时 13～16h。

5. 揉捻

茶叶揉捻应长时慢揉，分次加压，嫩叶轻压，老叶重压，先轻后重，充分解块。揉至茶叶卷曲成条达 90%以上，以及叶细胞破碎率达 80%以上。揉捻时间视鲜叶嫩度而定，幼嫩原料宜轻压长揉，一芽一、二叶 45～60min；一芽二、三叶 90min 左右。初揉 60min 左右。初筛后经解块筛分后的筛面茶还要进行复揉，复揉时间一般为 30min。揉捻叶经解块后要求达到可以打散茶团，不含茶包的程度。通过筛网的揉捻叶力求均匀，厚度约为 1cm。

6. 发酵

发酵工艺要求发酵室保持温度24～26℃、相对湿度90%～95%、空气新鲜。发酵室发酵时间为2～3h；自然环境发酵时间分别为春茶3～6h、夏秋茶1～2h。发酵叶摊放厚度为幼嫩一芽一、二叶4～6cm，一芽二、三叶6～8cm，小至中开面10～12cm。采用自然环境发酵时，春茶摊叶宜厚，夏茶、秋茶摊叶宜薄，发酵时每隔0.5h翻拌1次。适宜发酵程度为青草气适度消失，清新花果香呈现，叶色红变，春茶黄红色、夏茶红黄色，嫩叶红匀，老叶红里泛青，此时即为发酵适度。花果香型工夫红茶发酵宜轻勿重。

7. 烘干

（1）初烘。烘干温度视茶叶发酵程度而定。正常发酵程度的茶叶初烘风温为100～110℃，摊叶厚度为1.5～2.0cm，烘到叶片含水量降至20%～30%时，下机摊凉1h左右，摊叶厚度为3～5cm。

（2）足火。风温85～90℃，摊叶厚度为2.0～2.5cm，烘至叶片含水量降至5.5%～6.5%时为适度。

（3）筛分。按工夫红茶筛制本身路、圆身路、轻身路分路取料，风选、拣梗后进行成品拼配。

（4）焙火。特级、一级、二级茶的焙火以能透发花果香为度，防止高火、老火，保证茶叶含水量符合出厂标准。焙火温度一般为80℃左右。三级茶以去除茶叶中的水分、青涩味、异杂味，提高滋味醇厚度，最大限度保留花果香为目的。摊叶厚度为3～4cm，先以100℃左右的温度烘焙10min；再以80～90℃的温度、摊叶厚度5～6cm烘焙1h；最后以70～75℃的温度烘焙1～2h，全程以低风量进行烘焙。

第九节　黑茶标准化加工

黑茶属于后发酵茶，主产区为广西、四川、云南、湖北、湖南、陕西、安徽等地。黑茶是以茶树鲜叶和嫩梢为原料，经杀青、揉捻、渥堆、干燥等加工工艺制成的产品，传统黑茶采用的黑毛茶原料成熟度较高，是压制紧压茶的主要原料。制茶工艺一般包括杀青、揉捻、渥堆和干燥4道工序。经过加工的黑茶色泽油亮、显黑色，滋味醇厚温和，冲泡后汤色鲜红明亮，具有淡淡的松香味[15-19]。

黑茶品种繁多。从形态来看，黑茶既有散茶也有紧压茶。从地域分布来看，主要分为湖南黑茶（茯茶、千两茶、黑砖茶、三尖等）、湖北青砖茶、四川藏茶（边茶）、安徽古黟黑茶（安茶）、云南黑茶（普洱熟茶）、广西六堡茶及陕西黑茶（茯茶）。

一、主要黑茶品种

1. 泾阳茯茶

泾阳茯茶产地为陕西省咸阳市泾阳县，素有关中“白菜心”之美称，已被列为国家地理保护标志产品。泾阳茯茶砖身紧致，金花茂盛，色泽艳丽，香味醇厚。冲泡后口感醇和，金花菌香十足，汤色红润，回甘良好（图5-32）。

图5-32　泾阳茯茶

2. 南路边茶

南路边茶属于四川边茶的一类，是压制“康砖”和“金尖”的原料茶。南路边茶原料比较粗老，由茶树枝叶加工而成。

南路边茶的采收方式分为刀割和手采两种。按初制方法，有“毛庄”和“做庄”两种不同制法，其中尤以“做庄”制法制得的边茶品质较好。经过初制的“做庄茶”要求外形卷褶成辣椒形（图 5-33），色泽棕褐油润；香气纯正，有老茶香；滋味醇和；汤色黄红明亮，叶底棕褐粗老。

3. 六堡茶

六堡茶原产于广西壮族自治区六堡乡，因产地而得名，至今已有两百多年的历史。六堡茶之所以受到消费者的喜爱，是因其特殊的品质。六堡茶泡饮时汤色红浓明净似琥珀色，香气醇陈，滋味浓醇甘和，有槟榔味。六堡茶素以“红、浓、醇、陈”四绝而著称，“红”是指汤色通透深红明亮；“浓”是指汤色红浓，滋味醇厚；“陈”是指香气陈醇，具有槟榔香；“醇”是指滋味甘醇，口感爽滑（图 5-34）。

图 5-33　南路边茶

图 5-34　六堡茶

4. 千两茶

千两茶是产于湖南省安化县的特色茶叶产品，其产量稀少，素有“世界只有中国有，中国只有湖南有，湖南只有安化有”之说。最早的千两茶每支净含量为古秤 1000 两（36.25kg），由此而得名。安化千两茶是依古方纯手工筑制。以竹黄、粽叶、蓼叶为包装，经过蒸、灌、绞、压、捶、滚、箍等几十道工序加二成型，成型后再经过49d日晒夜露，自然晾干，汲日月之精华，纳天地之灵气，方能成就其绝佳品质（图5-35）。

图5-35 千两茶

二、黑茶标准化加工工艺与技术

（一）初加工工艺流程

杀青→初揉→渥堆→复揉→干燥。

（二）黑茶加工技术

1. 杀青

（1）手工杀青：选用大口径锅、炒锅，以30°左右的倾斜面嵌入灶中，灶高70～100cm。杀青前备好草把和油桐树枝丫制成的三叉状炒茶叉。杀青时一般采用高温快炒方式，锅温为280～320℃，每锅投叶量4～5kg。鲜叶下锅后，立即以双手匀翻快炒，至烫手时改用炒茶叉抖炒，称为“亮叉”。当出现水蒸气时，则以右手持叉，左手握草把，将炒叶转滚闷炒，称为“渥叉”。亮叉与渥叉交替进行，历时2min左右。待茶叶软绵且带黏性，色转暗绿，无光泽，青草气消除，香气显出，粗梗不易断且均匀一致时即为杀青适度。

（2）机械杀青：当锅温达到杀青要求，即投入鲜叶 8～10kg，依鲜叶的老嫩和含水量的多少来调节锅温进行闷炒或抖炒，待杀青适度即可出锅。

2. 初揉

黑茶原料粗老，揉捻要掌握轻压、短时、慢揉的原则。初揉时以揉捻机转速 40r/min 左右、揉捻时间 15min 左右为好。待黑茶嫩叶成条、粗老叶皱叠时即为适度。

3. 渥堆

渥堆是形成黑茶色香味的关键性工序。黑茶渥堆应有适宜的条件，黑茶渥堆要在背窗、洁净的地面进行，避免阳光直射，以室温 25℃以上、相对湿度保持在 85%左右为最适条件。渥堆为初揉后的茶坯不经解块立即堆积起来，堆高约 1m，上面加盖湿布、蓑衣等物，以保湿保温。渥堆过程中要进行 1 次翻堆，以利渥均匀。堆积 24h 左右时，茶坯表面出现水珠，叶色由暗绿色变为黄褐色，带有酒糟气或酸辣气味，手伸入茶堆感觉发热，茶团黏性变小，一打即散，即为渥堆适度。

4. 复揉

将渥堆适度的茶坯解块后，上机复揉，压力较初揉时要稍小，时间一般为 6～8min。下机解块后要及时干燥。

5. 干燥

干燥又称烘焙，是黑茶初制的最后一道工序。通过干燥形成黑茶特有的品质即油黑色和松烟香味。干燥方法有自然晾置、传统松柴旺火烘焙和机械干燥。

主要参考文献

[1] 万国鼎. 茶书总目提要[M]. 北京: 中华书局, 1958.
[2] 吴觉农, 胡浩川. 中国茶业复兴计划[M]. 上海: 商务印书馆, 1935.
[3] 陈椽. 茶书栽培学[M]. 上海: 新农出版社, 1948.
[4] 庄晚芳. 茶作学[M]. 北京: 农业出版社, 1956.
[5] 王泽农. 我国茶区的土壤[J]. 茶业通报, 1958(2): 3-7.
[6] 周海龄. 对我国茶区划分的初步意见(续)[J]. 茶业通报, 1980(Z1): 44-48.
[7] 周海龄. 对我国茶区划分的初步意见[J]. 茶业通报, 1980(1): 34-38.
[8] 常继大, 陈维. 茶树栽培与茶叶加工[M]. 长沙: 湖南教育出版社, 1986.
[9] 杜维春. 中国茶叶标准化发展研究[M]. 北京: 中国农业出版社, 2014.
[10] 杨亚军, 梁月荣. 中国无性系茶树品种志[M]. 上海: 上海科学技术出版社, 2014.
[11] 田景涛, 陈玲. 茶树栽培与良种繁育技术[M]. 北京: 中国轻工业出版社, 2020.
[12] 尚怀国, 周泽宇, 杨文, 等. 生态茶园内涵、模式及发展策略[J]. 华中农业大学学报, 2022, 41(5): 9-15.
[13] 郑仁苍. 有机茶园生产管理技术要点[J]. 南方农业, 2022, 16(6): 118-120.
[14] 毛祖法. 茶业标准化生产技术[M]. 杭州: 浙江科学技术出版社, 2008.
[15] 王垚. 茶叶审评与检验[M]. 北京: 中国劳动社会保障出版社, 2006.
[16] 成洲. 茶叶加工技术[M]. 北京: 中国轻工业出版社, 2015.
[17] 白堃元. 茶叶加工[M]. 北京: 化学工业出版社, 2001.
[18] 龚自明, 郑鹏程. 茶叶加工技术[M]. 长沙: 湖北科学技术出版社, 2010.
[19] 施兆鹏. 茶叶加工学[M]. 北京: 中国农业出版社, 1997.
[20] 侯彦双, 徐代刚. 梵净山茶标准化生产加工技术[M]. 成都: 电子科技大学出版社, 2022.